"十二五"国家重点图书出版规划项目

高分辨率对地观测系统中的高精度实时运动成像
基础研究学术丛书

遥感平台运动误差表征与
成像像质退化

徐立军 李小路 等 编著

科学出版社
北 京

内 容 简 介

本书论述的"遥感平台运动误差表征与成像像质退化"之成果旨在解决高分辨率高精度对地观测中的关键理论与技术问题,有助于读者深入理解高分辨率对地观测系统中高精度实时运动成像的基础问题和技术难点,加深读者对遥感成像方式的系统认识,为研究遥感载荷运动成像的像质退化及其抑制补偿提供理论基础和技术支撑。本书力求创新、理论研究与实验验证相结合,以期推动我国高精度实时遥感成像和高分辨率对地观测技术的继续向前发展。

本书面向空间对地观测系统设计、空间对地观测成像遥感信息处理、遥感科学与技术及其相关专业,既可作为高等院校专业教材或教学用书,也可作为科研和工程应用人员的参考用书。

图书在版编目(CIP)数据

遥感平台运动误差表征与成像像质退化/徐立军,李小路等编著. —北京:科学出版社,2020.5

(高分辨率对地观测系统中的高精度实时运动成像基础研究学术丛书)

ISBN 978-7-03-065066-5

Ⅰ.①遥… Ⅱ.①徐… ②李… Ⅲ.①遥感图像–图像处理
Ⅳ.①TP751

中国版本图书馆 CIP 数据核字(2020)第 078766 号

责任编辑:牛宇锋 纪四稳/责任校对:王萌萌
责任印制:吴兆东 / 封面设计:蓝正设计

科 学 出 版 社 出版
北京东黄城根北街 16 号
邮政编码:100717
http://www.sciencep.com

北京九州迅驰传媒文化有限公司 印刷
科学出版社发行 各地新华书店经销

*

2020 年 5 月第 一 版 开本:720×1000 B5
2022 年 4 月第二次印刷 印张:11 1/2
字数:215 000
定价:88.00 元
(如有印装质量问题,我社负责调换)

"高分辨率对地观测系统中的高精度实时运动成像基础研究学术丛书"编委会

序

高分辨率高精度实时运动成像是对地观测技术的核心。重大自然灾害监测及预警、高精度基础测绘、资源调查与环境监测、国防安全等都亟须实时获取高分辨率高精度的对地观测数据。鉴于高分辨率高精度对地观测技术对国民经济建设和国家安全保障所起的重大作用，发展高分辨率高精度对地观测技术符合国家中长期发展战略。

国外，高分辨率高精度对地观测技术经过半个多世纪的发展，已经取得了很大进展。相比而言，我国目前的高分辨率高精度对地观测技术的研究及应用尚有许多科学和技术瓶颈问题亟待解决。该书论述的"遥感平台运动误差表征与成像像质退化"之成果旨在解决高分辨率高精度对地观测中的关键理论与技术问题，为我国高分辨率高精度对地观测技术的发展提供基础理论和关键技术支撑。

高分辨率高精度对地观测系统中，飞行平台和观测载荷是两个不可或缺的组成部分。"九五"以来，在国家相关部门的大力支持下，我国的观测载荷和飞行平台相关技术都得到了快速发展，并自主研制和发展了一批高分辨率遥感器和系列飞行平台。但与欧美发达国家相比，我国同等硬件水平的观测载荷的成像质量往往低于、有时远低于国际先进水平。其中一个重要的原因是观测载荷成像要求平台做理想的匀速直线运动，而在外部环境与内部扰动的影响下，平台实际运动非常复杂，运动误差会导致载荷实时成像质量严重退化，甚至不能成像。随着研究人员对分辨率要求的不断提高，平台运动误差与遥感图像质量之间的矛盾越来越突出。与国外先进水平相比，我国对相关重大基础科学与技术问题仍缺乏系统深入的研究，严重制约了我国高分辨率高精度对地观测系统的发展。

围绕国家重点基础研究发展计划(973 计划)课题"平台运动误差表征与遥感成像空间拓扑映射关系"的共性基础科学与技术问题，参与课题研究的科研人员依托其所在单位的基础条件，联合攻关，从理论分析、模型建立、数字仿真和试验研究等几方面，系统研究了外部环境因素与内部扰动对载荷平台运动特性的影响机理，建立了平台复杂多模高阶运动误差模型，研究了稳定平台高精度、高稳定度控制理论与方法，建立了平台运动误差与遥感成像空间的共性拓扑映射关系，并进行了试验验证。该书是此项 973 计划课题研究成果的总结，其出版有助于人们深入理解高分辨率对地观测系统中高精度实时运动成像的基础问题和技术难点，使人们对各遥感成像方式的异同点有更加系统深入的认识，为研究遥感载荷运动成像的像质退化及其抑制和补偿提供重要的理论基础和技术支撑。

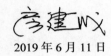

2019 年 6 月 11 日

前　　言

高分辨率高精度对地观测技术是一种以飞机、卫星等为观测平台,利用运动成像载荷获取地球表面与表层的大范围、高精度、多层次空间信息的尖端综合性技术,对国民经济建设和国家安全具有重要作用,是当今世界高速发展和激烈竞争的高技术领域之一。

高分辨率对地观测系统的高精度实时运动成像要求观测平台做匀速直线的理想运动。然而,观测平台运动受到各种扰动因素的影响,形成平台的复杂多模高阶运动,导致运动成像像质退化。随着研究人员对观测载荷成像分辨率需求的不断提高,平台运动误差导致遥感图像质量退化的问题变得更为突出。"遥感平台运动误差表征与成像像质退化"已成为高精度实时运动成像领域中亟待解决的共性基础理论难题。因此,表征平台复杂多模高阶运动误差、建立平台运动误差与遥感成像空间的拓扑映射关系,是实现空间高精度实时遥感成像和高分辨率对地观测技术的核心技术支撑。

国家重点基础研究发展计划(973计划)项目"高分辨率对地观测系统中的高精度实时运动成像基础研究"设立了"平台运动误差表征与遥感成像空间拓扑映射关系"课题,针对如何建立平台运动误差与遥感图像像质退化的映射关系开展共性基础科学问题研究。本书的核心内容源于此课题的研究成果,主要包括平台运动误差分析与溯源、平台高精度及高稳定度控制理论与方法研究、平台运动误差与遥感成像空间映射关系的建立等。

本书是"高分辨率对地观测系统中的高精度实时运动成像基础研究学术丛书"之一,丛书的编委会由参与课题研究的北京航空航天大学、中国科学院长春光学精密机械与物理研究所以及北京空间机电研究所等单位的专家和学者组成。参与本书撰写的人员都是多年从事遥感遥测载荷技术研究、具有丰富项目实践经验的研究人员,他们是北京航空航天大学徐立军、李小路等。

全书共6章。第1章由刘沛清、郭昊撰写,详细阐述复杂大气扰动对飞机平台运动的影响,包括大气湍流模型及数值仿真,大气扰动下飞机平台运动仿真建模以及飞机对大气湍流的响应算例分析。第2章由周向阳撰写,详细介绍航空遥感惯性稳定平台高精度控制原理、系统性能指标与主要扰动分析,隔振方案,控制系统建模以及控制方法。第3章由崔培玲撰写,介绍基于磁悬浮惯性执行机构的天基平台振动抑制,利用重复控制器对磁悬浮转子系统磁轴承线圈中的谐波电流进行抑制。第 4 章由阮宁娟、庄绪霞撰写，介绍天基平台运动对星载遥感系统成像质量的影响原理以及像移对成像质量的影响机理，提出动态图像降质的评价方法，建立星载时间延迟积分电荷耦合器件(time delay and integration charge-coupled device, TDICCD)遥感成像系统的动态成像仿真模型，并进行仿真分析。第 5 章由戴明、王德江、刘让撰写，介绍空基对地观测系统中平台运动与遥感成像空间的映射关系，包括航空相机简介、平台复杂运动与成像像移的关系、TDICCD 行转移方向像移建模以及飞行试验结果分析。第 6 章由李小路、徐腾、刘畅、徐立军撰写，介绍平台运动误差对激光雷达点云数据成像精度退化的影响，包括激光雷达点云数据成像原理、点云数据成像误差溯源及成像精度影响分析，并完成半物理仿真试验。

在"平台运动误差表征与遥感成像空间拓扑映射关系"课题的研究过程中，各单位骨干科研人员和研究生为课题研究的顺利进行做出了重要贡献，相关研究成果在本书中得到了充分体现。在此，本书作者向各单位所有参研的骨干科研人员和研究生表示衷心的感谢！

本书的研究结论建立在当前亟待解决的问题和现有科研手段基础上，书中介绍的许多技术仍处于研究和发展阶段，尚未形成成熟的技术体系和标准规范。虽然作者力求严谨准确，但由于知识水平有限，书中难免存在不足之处，欢迎读者批评指正。

徐立军

2019 年 10 月 1 日

目　　录

第1章 复杂大气扰动下飞机平台运动误差仿真

1.1 引　　言

高分辨率对地观测技术是以飞机、卫星等为观测平台，利用运动成像载荷获取地球表面与表层的大范围、高精度、多层次空间信息的一种尖端综合性技术，其核心是高分辨率、高精度、实时运动成像。由此要求观测平台维持理想匀速直线运动且姿态平稳，这对平台运动提出了严峻的挑战。对于航空平台，受气流扰动和飞行器控制系统误差等影响，平台实际运动轨迹必然偏离理想匀速直线运动状态。航天平台虽然相对较稳定，但是由于距离地面遥远且运动速度高，微小的运动误差会造成非常大的地面观测误差。从成像原理上，无论是合成孔径成像、扫描成像、凝视成像，还是干涉成像，非理想条件下的平台运动都将导致成像质量严重退化。以合成孔径成像(如合成孔径雷达(synthetic aperture radar，SAR))[1]为例，其工作原理要求雷达在匀速直线运动条件下成像。在成像时，微小的高频运动误差都会引起复杂的栅瓣效应及信噪比恶化；同时，空间分辨率的提高使得运动误差引起的相位误差频率也相应提高，低频运动转变为高频运动并引起高频相位误差，从而导致成像质量急剧退化，严重时甚至不能成像，如图 1.1 所示。

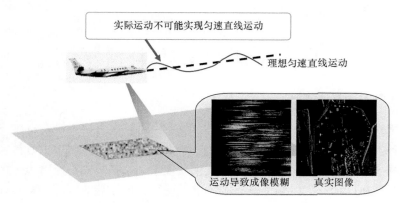

图 1.1　非理想匀速直线运动导致合成孔径雷达成像质量退化

高分辨率对地观测广泛应用在各个领域，成像载荷种类多，成像模式复杂，覆盖谱段范围宽，并且各类成像载荷的高精度实时运动成像都要求飞行平台做理想匀速直线运动。而在外部环境与内部扰动影响下，平台在多维空间上的非理想匀速直线运动不可避免，突出表现为非线性、大动态、随机性、多模式、高阶、交叉耦合等复杂形式。平台理想匀速直线运动已成为高精度实时运动成像基本而又无法实现的要求，特别是随着载荷分辨率要求的提高，运动误差导致遥感图像质量退化的问题变得更为突出，已成为高精度实时运动成像面临的亟须解决的共性基础理论难题。因此，揭示各种干扰对平台运动的影响规律，表征平台复杂运动模型，已成为亟须解决的问题。

国内常规的飞行平台有"奖状"S/Ⅱ遥感飞机及"运12"飞机，而目前在建的国家重大科技基础设施"航空遥感系统"，配备两架 ARJ-21 型遥感飞机、十多种新型遥感设备及高性能地面数据处理系统等，形成了国内最先进的航空遥感系统。航空平台受到的扰动可以分为内部扰动和外部扰动：内部扰动主要包括发动机转子振动、机构振动等；外部扰动主要有大气湍流、阵风、湍流边界层、喷气噪声等。成像载荷一般工作在航空平台巡航状态，此时外部扰动主要是大气湍流，内部的机械振动扰动比较有规律，相对于大气湍流，扰动形式比较简单。大气湍流和飞机颠簸产生的动力学机理及其预测研究也是航空气象学要解决的重要难题。国内外已有研究中[2]，对大气湍流和飞机颠簸的研究工作有很多，例如，对飞机颠簸产生的气象条件、飞机颠簸的预报和飞机遭遇颠簸时的处理技术等方面做出了详细的分析和研究，但这些研究成果很少结合观测载荷的成像需求。本章结合观测载荷的成像需求，开展大气扰动下的航空遥感飞机平台运动误差仿真研究。

为使飞行实时仿真模型能够高逼真度地模拟大气湍流对飞机飞行的影响，首先需要模拟大气湍流，其次建立飞机动力学模型，并考虑将大气湍流的参数影响合理引入飞机动力学模型中。

1.2　大气扰动与大气湍流模型

1.2.1　大气扰动与湍流概述

机载对地观测设备一般工作在载体(飞机)的巡航状态。飞机在空中飞行时经常遭遇各类大气扰动现象，如低空风切变、大气湍流等。此时，大气湍流就是飞机巡航状态中影响飞机运动的主要大气扰动现象，它是叠加在定常风上的风速矢量的连续随机脉动。大气湍流具有湍流谱的特征，即在湍流气流中存在能够使飞机产生明显颠簸的各种尺度不同的湍流涡旋[2]。

大气湍流现象的形成和出现与很多因素有关。在飞行中，测量记录的风速往往是围绕一个平均值摆动的，这个平均值代表空气的大体移动，而摆动(或脉动)

量反映空气的局部流动，称为湍流。湍流速度是随机变量，其均方根值 σ_w 与湍流场速度强度密切相关，有时就称其为湍流强度。但严格地讲，湍流强度是指最大湍流速度 $V_{w\max}$，表 1.1 是按 $V_{w\max}$ 对湍流强度的分级。

表 1.1　湍流强度分级

$V_{w\max}$ /(m/s)	湍流强度等级
2～6	微弱
6～12	中等
12～16	强烈
16～20	极强

大气湍流的尺度(或称积分尺度，L)代表湍流相关性的空间范围，即若两点距离超过湍流尺度，则这两点湍流速度的相关性已经很微弱。空间三维大气湍流场的湍流速度在航迹坐标系中有三个分量，分别为沿飞行方向 x 轴向前的湍流速度分量 u、沿水平方向 y 轴向右的湍流速度分量 v 和沿铅垂方向 z 轴向下的湍流速度分量 w。飞行中的湍流是各向同性的，其不同方向湍流尺度存在关系 $L_u = 2L_v = 2L_w$。

关于大气湍流尺度和强度，美国军用规范 MIL-F-8785C 规定了两个不同大气湍流模型(详见 1.2.3 节)。其中，大气湍流尺度在航空遥感平台所在的中空($h > 2000\text{ft}(1\text{ft}=0.3048\text{m})$，即 610m)规定为 $L_u = 2L_v = 2L_w = 2500\text{ft}$，即 762m (按 von Karman 模型)；高空规定为 $L_u = 2L_v = 2L_w = 1750\text{ft}$，即 533m(按 Dryden 模型)。三个方向的大气湍流强度相等，即 $\sigma_u = \sigma_v = \sigma_w$；在统计上，大气湍流强度为超越概率的函数，其随高度的分布也可参考 MIL-F-8785C。

影响飞机运动的不仅有湍流速度，还有湍流梯度。定义湍流梯度 w_x、w_y、v_x 为

$$w_x = \partial w/\partial x, \quad w_y = \partial w/\partial y, \quad v_x = \partial v/\partial x \tag{1-1}$$

式中，w_x 表示湍流速度分量 w 沿飞行方向 x 轴分布产生的俯仰气动效应；w_y 表示湍流速度分量 w 沿水平方向 y 轴分布产生的滚转气动效应；v_x 表示湍流速度分量 v 沿飞行方向 x 轴分布产生的偏航气动效应。其他湍流梯度项由于对飞行仿真的影响甚微，在此忽略。

1.2.2　大气湍流模型的基本假设及频谱

1. 关于大气湍流的基本假设

实际的大气湍流是十分复杂的物理现象，但为了建立适合于飞行仿真的大气湍流模型，以便更好地对飞机响应问题进行研究，有必要对大气湍流进行适当的理想化处理，即对其作几条基本假设[3]。

1) 平稳性与均匀性假设

该假设认为大气湍流的统计特征既不随时间而变(认为湍流是平稳的)，也不随位置而变(认为湍流是均匀的)。由此可知，以均匀速度在大气中飞行的飞机所经受的湍流速度是平稳的随机过程，其统计特性不随时间而变化。

2) 各向同性假设

该假设认为大气湍流的统计特性不随坐标系的旋转而变化，即与方向无关。因此，当研究三维湍流场的结构时，坐标轴的方向可以任意选取。这个假设对于飞行平台所处的中空湍流和高空湍流是符合实际的。

3) 高斯(Gauss)分布假设

该假设认为大气湍流是 Gauss 型的，即速度大小服从正态分布。这个假设对于飞机运动量的频谱和均方差来说是不起作用的，但对于有关概率的计算却很有利。

4) 泰勒(Taylor)冻结场假设

该假设认为当处理湍流对飞机飞行影响的问题时，可以把大气湍流"冻结"，即湍流场中气流速度的空间分布可以由飞机经受的湍流速度随时间的变化得到。

2. 单变量随机过程的相关性和频谱

大气湍流可以看成一种单变量平稳随机过程。其中，湍流速度是随机变量，随机过程特性可由相关函数和频谱函数来描述。

相关函数定义为

$$R_u(\tau) = \lim_{T \to \infty} \frac{1}{2T} \int_{-T}^{T} u(t)u(t+\tau)\mathrm{d}t \tag{1-2}$$

式中，τ 为随机过程的时间间隔；T 为统计时间；u 为随机变量；t 为时间自变量。在物理意义上，$R_u(\tau)$ 反映随机过程变量 u 在时间坐标轴上的先后相关程度。

与随机过程的相关函数相对应的是频谱函数，它是相关函数的傅里叶(Fourier)变换，即

$$\Phi_u(\omega) = \frac{1}{2\pi} \int_{-\infty}^{\infty} R_u(\tau) \mathrm{e}^{-\mathrm{j}\omega\tau}\mathrm{d}\tau \tag{1-3}$$

式中，ω 是时间频率。频谱函数 $\Phi_u(\omega)$ 表征随机过程的功率按频率 ω 的分布。所以，频谱函数又称为功率谱密度(power spectrum density, PSD)，数学意义上的功率谱密度定义在 $(-\infty, +\infty)$ 范围内，而物理意义上的功率谱密度定义在 $(0, +\infty)$ 范围内，后者数值为前者的 2 倍。

大气湍流频谱有速度频谱、梯度频谱和交叉频谱，也可以按空间频谱和时间

频谱分类。根据泰勒冻结场假设，对于以真实的空速飞行的飞行器，空间频率与时间频率的关系为 $\Omega = \omega / V_\mathrm{a}$，大气湍流的时间频率函数与空间频率函数可由式(1-4)互相转换：

$$\Phi(\omega) = \frac{1}{V_\mathrm{a}} \Phi(\Omega) = \frac{1}{V_\mathrm{a}} \Phi\left(\frac{\omega}{V_\mathrm{a}}\right) \tag{1-4}$$

式中，ω 为时间频率；Ω 为空间频率；V_a 为真实空速。

1.2.3　简化大气湍流模型

大气扰动中包含各种时间尺度和空间尺度的运动，其产生的机理和发展过程各不相同，采用复杂的流体动力学方程来研究大气扰动的影响很不方便。目前广泛使用简化的大气扰动模型研究此问题。简化的大气扰动模型又称工程化模型，在一定条件下，可以反映所研究现象的最本质机理和物理过程。国外从 20 世纪 50 年代就开始对大气湍流现象进行包括大气湍流的建模方法、飞机对湍流的响应分析等内容的理论和试验研究，并提出了 Dryden 模型和 von Karman 模型[2]。

1) Dryden 模型

Dryden 模型速度和梯度的空间频谱和时间频谱表达式分别为

$$\begin{cases} \Phi_{uu}(\Omega) = \sigma_u^2 \dfrac{L_u}{\pi} \dfrac{1}{1 + (L_u \Omega)^2} \\[3mm] \Phi_{vv}(\Omega) = \sigma_v^2 \dfrac{L_v}{\pi} \dfrac{1 + 12(L_v \Omega)^2}{\left[1 + 4(L_v \Omega)^2\right]^2} \\[3mm] \Phi_{ww}(\Omega) = \sigma_w^2 \dfrac{L_w}{\pi} \dfrac{1 + 12(L_w \Omega)^2}{\left[1 + 4(L_w \Omega)^2\right]^2} \\[3mm] \Phi_{v_x v_x}(\Omega) = \dfrac{\Omega^2}{1 + \left(\dfrac{3 b_w}{\pi} \Omega\right)^2} \Phi_{vv}(\Omega) \\[5mm] \Phi_{w_x w_x}(\Omega) = \dfrac{\Omega^2}{1 + \left(\dfrac{4 b_w}{\pi} \Omega\right)^2} \Phi_{ww}(\Omega) \\[5mm] \Phi_{w_y w_y}(\Omega) = \sigma_v^2 \dfrac{0.2 \left(\dfrac{\pi L_v}{2l}\right)}{L_v} \dfrac{1}{1 + \left(\dfrac{4 b_w}{\pi} \Omega\right)^2} \end{cases} \tag{1-5a}$$

$$\begin{cases}
\Phi_{uu}(\omega) = \sigma_u^2 \dfrac{L_u}{\pi V_a} \dfrac{1}{1+\left[(L_u/V_a)\omega\right]^2} \\[3mm]
\Phi_{vv}(\omega) = \sigma_v^2 \dfrac{L_v}{\pi V_a} \dfrac{1+12\left[(L_v/V_a)\omega\right]^2}{\left\{1+4\left[(L_v/V_a)\omega\right]^2\right\}^2} \\[3mm]
\Phi_{ww}(\omega) = \sigma_w^2 \dfrac{L_w}{\pi V_a} \dfrac{1+12\left[(L_w/V_a)\omega\right]^2}{\left\{1+4\left[(L_w/V_a)\omega\right]^2\right\}^2} \\[3mm]
\Phi_{v_x v_x}(\omega) = \dfrac{(1/V_a)^2 \omega^2}{1+\left(\dfrac{3b_w}{\pi V_a}\omega\right)^2} \Phi_{vv}(\omega) \\[4mm]
\Phi_{w_x w_x}(\omega) = \dfrac{(1/V_a)^2 \omega^2}{1+\left(\dfrac{4b_w}{\pi V_a}\omega\right)^2} \Phi_{ww}(\omega) \\[4mm]
\Phi_{w_y w_y}(\omega) = \sigma_v^2 \dfrac{0.2\left(\dfrac{\pi L_v}{2l}\right)}{L_v V_a} \dfrac{1}{1+\left(\dfrac{4b_w}{\pi V_a}\omega\right)^2}
\end{cases} \tag{1-5b}$$

式中，Ω 是沿 x 轴的空间频率，它是空间湍流场真实存在的频率，其单位为 rad/m；时间频率 ω 是飞机穿越空间湍流场时感受的频率，其单位为 rad/s；σ_u、σ_v、σ_w 是三个方向的湍流强度；L_u、L_v、L_w 是三个方向的湍流尺度；对于各向同性湍流，有 $\sigma_u=\sigma_v=\sigma_w$，$L_u=2L_v=2L_w$；$b_w$ 为机翼展长。

Dryden 空间频谱的渐进性质为

$$\lim_{\Omega \to 0} \Phi(\Omega) = \text{const}, \quad \lim_{\Omega \to \infty} \Phi(\Omega) \propto \Omega^{-2} \tag{1-6}$$

在无穷远处的渐进性质是不符合 Kolmogorov 湍流理论的，这是该模型的一个缺陷。Kolmogorov 湍流理论指出充分发展湍流的频谱标度指数在惯性区为 $-5/3$，而非 -2，即在惯性区频谱与频率呈 $-5/3$ 的幂指数关系。

2) von Karman 模型

von Karman 根据理论和测量数据，导出大气湍流的能量频谱函数为

$$E(\Omega) = \sigma^2 \frac{55L}{9\pi} \frac{(\alpha_{VK}L\Omega)^4}{\left[1+(\alpha_{VK}L\Omega)^2\right]^{17/6}} \tag{1-7}$$

式中，α_{VK} 为经验系数，$\alpha_{VK}=1.339$；L 为湍流尺度；σ 为湍流强度。这个能量频谱函数符合湍流理论中的极限条件：当 $\Omega\to 0$ 时，$E\propto\Omega^4$；当 $\Omega\to\infty$ 时，$E\propto\Omega^{-5/3}$。

三个湍流分量的空间频谱和时间频谱分别为

$$
\begin{cases}
\Phi_{uu}(\Omega)=\sigma_u^2\dfrac{L_u}{\pi}\dfrac{1}{\left[1+\left(\alpha_{VK}L_u\Omega\right)^2\right]^{5/6}}\\[4mm]
\Phi_{vv}(\Omega)=\sigma_v^2\dfrac{L_v}{\pi}\dfrac{1+\dfrac{8}{3}\left(2\alpha_{VK}L_v\Omega\right)^2}{\left[1+\left(2\alpha_{VK}L_v\Omega\right)^2\right]^{11/6}}\\[4mm]
\Phi_{ww}(\Omega)=\sigma_w^2\dfrac{L_w}{\pi}\dfrac{1+\dfrac{8}{3}\left(2\alpha_{VK}L_w\Omega\right)^2}{\left[1+\left(2\alpha_{VK}L_w\Omega\right)^2\right]^{11/6}}
\end{cases}
$$

$$
\begin{cases}
\Phi_{uu}(\omega)=\sigma_u^2\dfrac{L_u}{\pi V_a}\dfrac{1}{\left[1+\left(\alpha_{VK}L_u\dfrac{\omega}{V_a}\right)^2\right]^{5/6}}\\[6mm]
\Phi_{vv}(\omega)=\sigma_v^2\dfrac{L_v}{\pi V_a}\dfrac{1+\dfrac{8}{3}\left(2\alpha_{VK}L_v\dfrac{\omega}{V_a}\right)^2}{\left[1+\left(2\alpha_{VK}L_v\dfrac{\omega}{V_a}\right)^2\right]^{11/6}}\\[6mm]
\Phi_{ww}(\omega)=\sigma_w^2\dfrac{L_w}{\pi V_a}\dfrac{1+\dfrac{8}{3}\left(2\alpha_{VK}L_w\dfrac{\omega}{V_a}\right)^2}{\left[1+\left(2\alpha_{VK}L_w\dfrac{\omega}{V_a}\right)^2\right]^{11/6}}
\end{cases}
\tag{1-8}
$$

von Karman 空间频谱的渐进性质为

$$
\begin{cases}
\lim\limits_{\Omega\to 0}\Phi(\Omega)=\text{const}\\[2mm]
\lim\limits_{\Omega\to\infty}\Phi(\Omega)\propto\Omega^{-5/3}
\end{cases}
\tag{1-9}
$$

该模型的第二个性质符合 Kolmogorov 湍流理论，即标度指数为 $-5/3$。

3) Dryden 模型和 von Karman 模型的比较

虽然 Dryden 模型和 von Karman 模型是目前航空航天领域公认的最重要的两种湍流模型，但 Dryden 模型和 von Karman 模型的建模理论体系却截然相反。Dryden 模型先根据经验建立大气湍流相关函数，然后推导频谱函数；而 von Karman 模型则先根据大量的测量和统计数据建立大气湍流的频谱函数，再推导出相关函数。

von Karman 模型的时间频谱函数不能进行共轭分解而不能在时域内得到实现，因此不能用于飞行实时仿真，而 Dryden 模型时间频谱函数为有理式，可作因式分解，因而能在时域实现仿真，所以以往的研究常对 Dryden 模型进行共轭分解从而生成大气湍流。

1.2.4　大气湍流模型的数值仿真

1. 大气湍流数值仿真的基本原理

大气湍流数值仿真是指在计算机上利用一定的数值方法随机生成大气湍流速度和速度梯度序列的过程。为了使湍流序列与实际大气湍流的分布和运动规律最大限度地逼近，该过程必须基本符合所选择的大气湍流模型的频谱特性和相关特性。大气湍流的速度场和速度梯度场的分布应满足其一阶和二阶的统计物理特性。大气湍流数值仿真有两种基本方法：一是用快速傅里叶变换(fast Fourier transform，FFT)方法产生湍流时间序列，存储起来用于飞行仿真，称为离线式；二是在飞行仿真中实时、随机地产生所需湍流，称为在线式。第二种方法用于飞行仿真更有效。

研究大气湍流数值仿真起源于 20 世纪 60 年代中期，针对湍流场的生成提出了蒙特卡罗法和统计离散风两种建模法[4]。其中，蒙特卡罗法[5]也称随机模拟法、随机抽样法或统计试验法，它包括以概率统计理论为主要理论、以随机抽样为主要手段的两个核心问题。虽然这种方法应用到二维或三维湍流场中会造成各向异性，但仍然是目前大气湍流数值仿真普遍采用的方法。

湍流数值仿真的基本原理即随机过程生成的一般原理，通过得到的成形滤波器将输入的白噪声转化成有色噪声随机过程的输出，也就是利用计算机首先产生零均值高斯分布的伪随机信号，然后通过按给定频谱设计的成形滤波器，最后得到符合湍流模型频谱和高斯速度分布律的三维时间历程的大气湍流信号，其原理如图 1.2 所示。其中白噪声信号采用均值为 0、标准方差为 1 的高斯分布伪随机序列。仿真的关键是传递函数 $G(s)$ 的确定，其中 s 为复变量。传递函数中的复变量 s 在实部为零、虚部为角频率时就是频率响应。

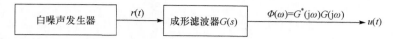

图 1.2　大气湍流信号仿真原理

在控制过程中，能够将白噪声转化成有色噪声的环节称为成形滤波器。单位强度的白噪声 $r(t)$ 通过一个传递函数为 $G(s)$ 的滤波器，产生随机过程 $u(t)$，则 $u(t)$ 的频谱函数为

$$\Phi(\omega) = G^*(\mathrm{j}\omega)G(\mathrm{j}\omega) = |G(\mathrm{j}\omega)|^2 \tag{1-10}$$

式中，上标 $*$ 表示复共轭。这也是工程上模拟平稳随机过程常采用的方法。

当时间频谱函数可进行如上分解时，才能确定成形滤波器的参数，从而在时域进行仿真。将湍流的各项时间频谱函数按式(1-10)进行分解，就可以得到产生给定频谱所需的成形滤波器的传递函数 $G(s)$。

2. 基于 Dryden 模型的大气湍流数值仿真

按照文献[3]中的方法，将大气湍流 Dryden 模型的各个频谱函数进行分解，对于三个湍流速度，求出所需的各湍流速度传递函数 $G(s)$ 为

$$\begin{cases} G_u(s) = \dfrac{K_u}{T_u s + 1} \\[2mm] K_u = \sigma_u \sqrt{\dfrac{L_u}{\pi V_a}}, \quad T_u = \dfrac{L_u}{V_a} \\[4mm] G_v(s) = \dfrac{K_v(T_{v1}s + 1)}{(T_{v2}s + 1)^2} \\[2mm] K_v = \sigma_v \sqrt{\dfrac{L_v}{\pi V_a}}, \quad T_{v1} = \dfrac{2\sqrt{3}L_v}{V_a}, \quad T_{v2} = \dfrac{2L_v}{V_a} \\[4mm] G_w(s) = \dfrac{K_w(T_{w1}s + 1)}{(T_{w2}s + 1)^2} \\[2mm] K_w = \sigma_w \sqrt{\dfrac{L_w}{\pi V_a}}, \quad T_{w1} = \dfrac{2\sqrt{3}L_w}{V_a}, \quad T_{w2} = \dfrac{2L_w}{V_a} \end{cases} \tag{1-11}$$

对于三个湍流梯度 v_x、w_x、w_y，得到不同湍流梯度的传递函数为

$$\begin{cases} G_{vx}(s) = \dfrac{K_{vx}s}{(T_v s + 1)(T_{vx}s + 1)} \\[2mm] K_{vx} = \dfrac{K_v}{V_a}, \quad T_v = \dfrac{2}{\sqrt{3}}\dfrac{L_v}{V_a}, \quad T_{vx} = \dfrac{3b_w}{\pi V_a} \end{cases}$$

$$
\left\{
\begin{array}{l}
G_{wx}(s) = \dfrac{K_{wx}s}{(T_w s + 1)(T_{wx} s + 1)} \\[3mm]
K_{wx} = \dfrac{K_w}{V_a}, \quad T_w = \dfrac{2}{\sqrt{3}}\dfrac{L_w}{V_a}, \quad T_{wx} = \dfrac{4b_w}{\pi V_a}
\end{array}
\right.
$$

$$
\left\{
\begin{array}{l}
G_{wy}(s) = \dfrac{K_{wy}}{T_{wy} s + 1} \\[3mm]
K_{wy} = \sigma_w \sqrt{\dfrac{0.2}{L_w V_a}} \left(\dfrac{\pi L_w}{2b_w}\right)^{1/3}, \quad T_{wy} = \dfrac{4b_w}{\pi V_a}
\end{array}
\right.
\tag{1-12}
$$

例如，机翼展长 b_w =15.75m 的飞机以 V_a =160m/s 的速度在中、高空巡航（$h > 2000\text{ft}$，即 610m），参考美国军用规范 MIL-F-8785C，结合式(1-11)和式(1-12)，可以得出相应的湍流速度及其梯度的传递函数。再按照图 1.2 的流程，可以得出如式(1-13)所示相应的湍流速度及其梯度的传递函数：

$$
\left\{
\begin{array}{lll}
G_u(s) = \dfrac{0.79}{3.33s + 1}, & G_v(s) = \dfrac{3.2s + 0.55}{11.09s^2 + 6.66s + 1}, & G_w(s) = \dfrac{3.2s + 0.55}{11.09s^2 + 6.66s + 1} \\[3mm]
G_{vx}(s) = \dfrac{0.0034s}{0.18s^2 + 2.01s + 1}, & G_{wx}(s) = \dfrac{0.0034s}{0.25s^2 + 2.05s + 1}, & G_{wy}(s) = \dfrac{0.0028}{0.13s + 1}
\end{array}
\right.
\tag{1-13}
$$

1.3　大气扰动下飞机平台运动仿真建模

飞机在空中飞行时经常遭遇各类大气扰动现象，如低空风切变、大气湍流等。大气扰动会影响飞机的精确飞行，给飞行员操纵带来困难，而且使乘坐舒适性下降，严重时将会威胁飞行安全，因此研究大气扰动下飞行仿真建模具有重要的工程意义。

近年来，新的快速化建模软件，如 MATLAB/Simulink、MATRIXX 等正在应用到飞行仿真建模中。例如，MATLAB/Simulink 中已内嵌了 Aerospace 仿真库，用户可以在此基础上快速构建简单的飞行仿真模型[6]；加拿大 CAE 公司则部分使用了 MATRIXX 作为飞行仿真建模工具[7]。本节结合 MATLAB/Simulink，介绍大气扰动下的飞机平台运动误差仿真建模方法。

1.3.1　基本假设和运动状态量

1. 基本假设

为简化航空遥感平台飞行动力学模型的复杂度，本节忽略飞机摆振运动等动力学行为，把飞机视为刚体，建立六自由度的运动方程，即由其质心的运动动力学方程和绕其质心转动的运动动力学方程组成。为建模需要，对动力学模型采用以下基本假设：

(1) 认为飞行器是刚体，其质量为常数。

(2) 假设地面为惯性参考系，即假设地面坐标为惯性坐标。

(3) 忽略地面曲率，视地面为平面。

(4) 假设重力加速度不随飞行高度而变化。

(5) 假设机体坐标系的平面 Ox_bz_b 为飞机对称平面，且飞行器不仅几何外形对称，而且内部质量分布对称，惯性积 $I_{xy}=I_{zy}=0$。

(6) 忽略旋转机械的陀螺力矩效应。

2. 有关的参考坐标系

1) 地面坐标系 $O_ex_ey_ez_e$

地面坐标系即相对地面固定不动的坐标系，其原点 O_e 常取地面某一点(如飞机起飞点、导弹发射点)，O_ez_e 轴铅垂向下，$O_ex_ey_e$ 为当地水平面，O_ex_e 轴与 O_ey_e 轴在水平面内，方向可以任意规定。

2) 机体坐标系 $Ox_by_bz_b$

机体坐标系即固定于飞机上的坐标系，其原点 O 位于飞机质心，Ox_b 轴在飞机对称平面内，平行于机身轴线或机翼的平均气动弦线，指向前；Oz_b 轴在对称平面内，垂直于 Ox_b 轴，指向下；Oy_b 轴垂直于对称平面，指向右。

3. 飞机的运动参数

在飞行实时仿真中，计算飞行器运动的基础是飞行器的数学模型[3]。将飞机作为单一的刚体来处理，不考虑飞行器的变形，通过求解飞行动力学系统的 12 个非线性核心运动方程，获得飞机的 12 个状态量 $[u,v,w,\phi,\theta,\psi,p,q,r,x,y,z]$。其中，$u$、$v$、$w$ 为飞机体轴系下的三轴线速度；ϕ、θ、ψ 为飞机体轴系下的三轴欧拉角；p、q、r 为飞机体轴系下的三轴角速度；x、y、z 为飞机质心位置。其中，欧拉角决定了飞行器在空间的姿态，也称姿态角。俯仰角 θ 为机体纵轴与水平面的夹角。当纵轴的正半轴位于过原点的水平面之上时，θ 为正。滚转角 ϕ 为机体竖轴 Oz_b 与通过飞机纵轴的铅垂平面的夹角。当竖轴的正半轴位于铅垂平面左边时，ϕ 必为正。偏航角 ψ 为机体纵轴在水平面上的投影与 O_ex_e 轴的夹角。当纵轴正半轴的投影位于 O_ex_e 轴的右侧时，ψ 为正。

1.3.2　飞机动力学、运动学数学模型

飞机地速 V_e、空速 V_a 和风速 V_w 三者形成速度三角形关系，即

$$V_e = V_a + V_w \tag{1-14}$$

在无风状态下，有 $V_e = V_a$。

　　要建立飞机动力学、运动学数学模型，首先应根据动力学原理建立飞机质心运动方程、旋转运动方程等。针对飞行仿真，需要增加相应的运动学方程和导航方程。该部分为飞行动力学的经典内容，在此不再赘述，仅列出相应的动力学模型的核心方程组。在飞行仿真中采用实时数值积分算法求解。

　　方程组中，字母上面的"·"表示各变量的时间微分；X_g、Y_g、Z_g 表示由重力(G)、发动机推力(F_t)、空气动力(R_a)等构成的合力；l_r、m_r、n_r 则表示空气动力(R_a)相应的合力矩，一般忽略由发动机引起的力矩，建模中只考虑气动力矩；W_{xb}、W_{yb}、W_{zb} 表示湍流风速在机体坐标系中三个方向的速度分量；W_{xe}、W_{ye}、W_{ze} 表示湍流风速在地面坐标系三个方向的速度分量；L_{eb} 为机体坐标系向地面坐标系的转化矩阵，m_a 为飞机质量，I_x、I_y、I_z、I_{xz} 分别为各方向的惯量矩与惯性积。

　　(1) 机体坐标系下的质心运动方程组为

$$\begin{cases} \dot{u} = \dfrac{X_g}{m_a} - \dot{W}_{xb} - \left[q(w + W_{zb}) - r(v + W_{yb}) \right] \\[2mm] \dot{v} = \dfrac{Y_g}{m_a} - \dot{W}_{yb} - \left[r(u + W_{xb}) - p(w + W_{zb}) \right] \\[2mm] \dot{w} = \dfrac{Z_g}{m_a} - \dot{W}_{zb} - \left[p(v + W_{yb}) - q(u + W_{xb}) \right] \end{cases} \tag{1-15}$$

　　(2) 旋转运动转动方程组为

$$\begin{cases} \Gamma \dot{p}_b = I_{xz}(I_x - I_y + I_z)p_b q_b - \left[I_z\left(I_z - I_y \right) + I_{xz}^2 \right] q_b r_b + I_z l_r + I_{xz} n_r \\[2mm] I_y \dot{q}_b = (I_z - I_x) p_b r_b - I_{xz}(p_b^2 - r_b^2) + m_r \\[2mm] \Gamma \dot{r}_b = \left[\left(I_x - I_y \right) I_x + I_{xz}^2 \right] p_b q_b - I_{xz}(I_x - I_y + I_z) q_b r_b + I_{xz} l_r + I_x n_r \end{cases} \tag{1-16}$$

式中，$\Gamma = I_x I_z - I_{xz}^2$。

　　(3) 导航方程组为

$$\begin{bmatrix} \dot{x}_e \\ \dot{y}_e \\ \dot{z}_e \end{bmatrix} = L_{eb} \begin{bmatrix} V_x \\ V_y \\ V_z \end{bmatrix} + \begin{bmatrix} W_{xe} \\ W_{ye} \\ W_{ze} \end{bmatrix} \tag{1-17}$$

　　(4) 运动学方程组为

$$\begin{cases} \dot{\phi} = p + q\sin\phi\tan\theta + r\cos\phi\tan\theta \\[2mm] \dot{\theta} = q\cos\phi - r\sin\phi \\[2mm] \dot{\psi} = q\sin\phi\sec\theta + r\cos\phi\sec\theta \end{cases} \tag{1-18}$$

其中，合力中的重力分量为

$$\begin{cases} W_x = -G\sin\theta \\ W_y = G\sin\phi\cos\theta \\ W_z = G\cos\phi\cos\theta \end{cases} \tag{1-19}$$

发动机推力分量为

$$\begin{cases} T_x = F_{tx} \\ T_y = F_{ty} \\ T_z = F_{tz} \end{cases} \tag{1-20}$$

其中，发动机推力 $F_t = [F_{tx}, F_{ty}, F_{tz}]$ 由发动机模型作为输出数据给出，其输入为发动机油门开度 T_{bar}。

气动力分量为

$$\begin{cases} R_x = \overline{q}_{dp} S_w C_d(\alpha_{aoa}, \beta_{aos}, p, q, r, \delta_{def}, \cdots) \\ R_y = \overline{q}_{dp} S_w C_y(\alpha_{aoa}, \beta_{aos}, p, q, r, \delta_{def}, \cdots) \\ R_z = \overline{q}_{dp} S_w C_L(\alpha_{aoa}, \beta_{aos}, p, q, r, \delta_{def}, \cdots) \end{cases} \tag{1-21}$$

气动力矩分量为

$$\begin{cases} l_r = \overline{q}_{dp} S_w b_w C_l(\alpha_{aoa}, \beta_{aos}, p, q, r, \delta_{def}, \cdots) \\ m_r = \overline{q}_{dp} S_w \overline{c}_w C_m(\alpha_{aoa}, \beta_{aos}, p, q, r, \delta_{def}, \cdots) \\ n_r = \overline{q}_{dp} S_w b_w C_n(\alpha_{aoa}, \beta_{aos}, p, q, r, \delta_{def}, \cdots) \end{cases} \tag{1-22}$$

式中，$\overline{q}_{dp} = \rho V^2 / 2$ 为动压；S_w 为机翼面积；b_w 为机翼展长；$\overline{c}_w$ 为平均气动弦长；α_{aoa} 为迎角，即飞机速度在飞机纵向对称平面上的投影与机体纵轴的夹角，当飞行速度沿机体竖轴 O_{xb} 的分量为正时，迎角为正；β_{aos} 为侧滑角，即飞机速度与飞机纵向对称平面的夹角，当飞行速度沿机体横轴的分量为正时，侧滑角为正；δ_{def} 为各个相关舵偏角；C_d 为阻力系数；C_y 为侧力系数；C_L 为升力系数；C_l 为滚转力矩系数；C_m 为俯仰力矩系数；C_n 为偏航力矩系数。

将飞机看成质点，此时湍流的等效气动效果即引入了空速 V_a、迎角 α_{aoa}、侧滑角 β_{aos} 的干扰，空速 V_a 和机体速度分量的关系为

$$V_a = \sqrt{V_x^2 + V_y^2 + V_z^2} \tag{1-23}$$

α_{aoa} 与 β_{aos} 计算公式为

$$\alpha_{\mathrm{aoa}} = \arctan\left(\frac{V_z}{V_x}\right) \tag{1-24}$$

$$\beta_{\mathrm{aos}} = \arcsin\left(\frac{V_y}{V_a}\right) \tag{1-25}$$

在仿真过程中，式(1-21)与式(1-22)气动力数据的获取一般由气动数据模块提供，详见 1.3.3 节。

1.3.3　气动数据

　　数据是仿真软件的重要组成部分，其中最为核心的是气动数据，即飞机气动力和气动力矩数据。建立气动力和气动力矩模型通常采用演绎和归纳相结合的方法，即根据飞行力学原理确定飞机的阻力、侧力、升力、滚转力矩、俯仰力矩、偏航力矩这六个气动系数各自气动导数的组成，再通过试验归纳的方法获取各气动导数随飞行状态变化的规律。对高、亚声速的运输飞机而言，在飞行仿真中主要还是采用一阶线性展开的准定常气动模型。

　　气动力和气动力矩建模的基础是飞机原始气动导数，而气动导数的获取通常有三种方法：一是通过风洞试验，基于相似理论获取气动导数；二是通过部分飞行试验，基于系统辨识方法获取气动导数，这种方法也可以与风洞试验结果进行对比和优化[8]；三是随着计算流体动力学(computational fluid dynamics，CFD)快速发展而发展起来的一种方法，通过建立全机 CFD 模型，并进行数值模拟获取气动导数[9]。CFD 技术虽不能完全替代风洞试验和飞行试验，却能节省大量的时间和成本。基于 CFD 技术获取气动导数也是当前飞行实时仿真建模的研究热点之一。气动导数中包含了飞行状态参数、舵偏角等因素对气动系数的影响。

　　如图 1.3 所示，气动力和气动力矩模型负责在实时仿真中的每个时间步长内计算出飞机受到的气动力和气动力矩。六个气动系数计算模块各自对数据库中对应的数据进行存取操作，根据实时飞行状态，调用插值算法，计算出各个气动系数。最终经过有因次化和矩阵变换，获得用于运动方程计算的气动力和气动力矩。

1.3.4　飞机平台运动仿真模型

　　飞机平台运动仿真模型可在 MATLAB/Simulink 环境下利用模块化建模方法搭建。Simulink 是 MATLAB 提供的实现动态系统建模和仿真的一个软件包，支持线性和非线性、连续时间系统、离散时间系统、连续和离散混合系统建模，且系统可以是多进程的。Simulink 支持图形用户界面，模型由模块组成的框图来表示。在 MATLAB/Simulink 中内嵌了 Aerospace 仿真库，也可以提供大气湍流的数值仿真模拟信号。通过调节飞行高度、大气湍流尺度、飞机参考长度以及湍流强

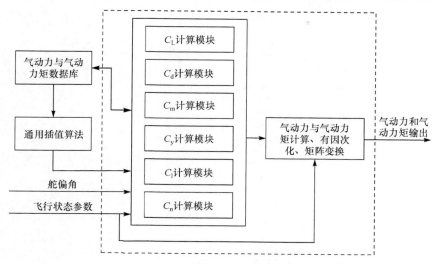

图 1.3　气动力和气动力矩计算流程

度等参数，可以得到一定时间长度内需要的风速数据。

　　飞行仿真系统的总框架如图 1.4 所示，图中显示了飞行仿真系统各模型之间的交互关系。一个典型的飞行仿真系统由飞行动力学模型、气动模型、引擎模型、大气模型、大气扰动模型及操纵系统模型等组成。

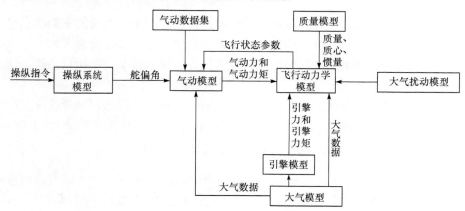

图 1.4　飞行仿真系统总框架

　　在飞行仿真系统各分系统建模的基础上，需设计实时运行框架，将各模块进行有机组合，从而构建一个完整的飞行仿真系统。整个动力学模型的仿真运行框架如图 1.5 所示。通过各分系统计算获得气动力、发动机推力及重力等，并在此模块中进行坐标转换，继而进行综合，从而获得飞机机体上的力和力矩，提供给动力学方程。

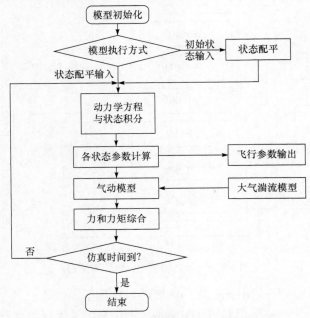

图 1.5 整个动力学模型的仿真运行框架

1.3.5 动力学模型的状态配平

飞机的仿真运行，需要先对动力学模型进行状态配平。飞机的平衡状态是飞机在给定约束下，满足线速度和角速度分量为定值或零、加速度为零的特定飞行状态。模拟和分析飞机运动情况的飞行数字仿真也要求以某一平衡状态作为仿真初始点。

状态配平是一个寻优的过程，可利用 Newton 梯度下降法得到最优解，配平参数为迎角 α_{aoa}、升降舵偏角 δ_e、发动机油门开度 T_{bar}，目标函数设为 CF，则

$$CF = \dot{V}_x^2 + \dot{V}_y^2 + \dot{V}_z^2 + p^2 + q^2 + r^2 \tag{1-26}$$

Newton 梯度下降法是求解配平问题的典型局部寻优算法[10]。以六自由度状态配平为例，要求六个状态输出量的时间导数满足目标函数最小限制。

1.4 飞机对大气湍流的响应算例

飞行试验是在真实飞行环境下进行的各种试验[11]，通过飞行试验可以获得在真实大气扰动中飞机的飞行数据，是分析运动误差下机载成像设备精度的最根本试验方法。在试飞验证机上搭载位置与姿态测量系统(position and orientation system, POS)，可以实时获取飞机飞行姿态等试飞数据。本节以具体的飞机为例介绍航空遥感平台对大气湍流的响应结果，取通用型飞机——"奖状"飞机为例进行仿真建模，并与试飞数据进行对比分析，初步探讨飞机平台运动误差对激光雷达成像设备精度的影响。

赛斯纳 S550 "奖状" S/Ⅱ型飞机是美国赛斯纳飞机公司研制的一种 8/10 座双发行政勤务运输机，是"奖状"系列行政机的新型别，如图 1.6 所示，其主要性能参数及指标如下。

尺寸数据：机翼展长 15.76m，机长 14.39m，机高 4.57m，机翼面积 30.00m²。

质量数据：空重 3351kg，最大起飞质量 6033kg。

性能数据：最大平飞速度 744km/h，巡航速度 713km/h，升限 13105m，航程 3080km。

动力装置：两台普拉特·惠特尼 JT15D-4 涡轮风扇发动机，单台推力 11.12kN。

图 1.6　"奖状" S/Ⅱ型飞机

图 1.7 给出了"奖状" S/Ⅱ型飞机一段飞行时间内的试飞 POS 测量结果，从中可以观察到飞机飞行并非一直处于稳定状态，飞行航向和高度都有较大的变化，需要从中截取部分稳定数据(4700～4900s 和 9800～10000s)进行详细分析。

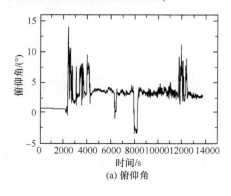

(a) 俯仰角

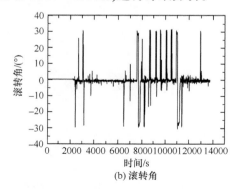

(b) 滚转角

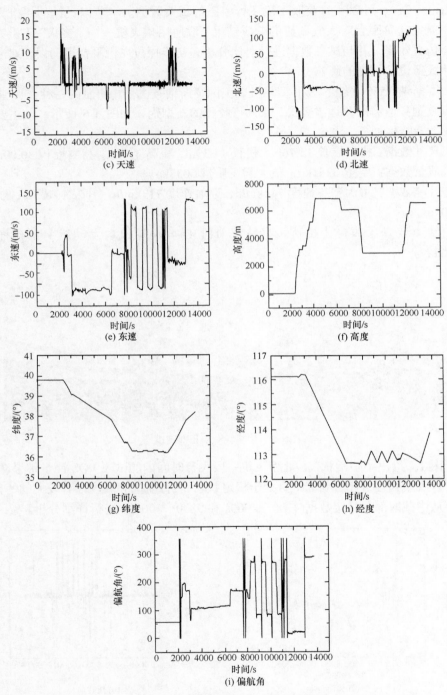

图 1.7 "奖状" S/Ⅱ型飞机试飞数据

  "奖状"S/Ⅱ型飞机飞行仿真中,设初始飞行高度6931.3m,飞行速度97.36m/s。自然飞行条件下,大气湍流强度会有强弱变化,通过调节风场强度,可以使仿真风场强度与自然风场强度接近。设定系统运行100s,响应频率100Hz,每个状态变量都可获得10000个数据点。通过仿真可以得到所需的状态参数。

  如图1.8所示,将垂直方向速度(dz)的仿真结果和试飞数据进行比较。其中六自由度仿真结果简称6DOF,用实线表示;试飞数据以POS标识,用虚线表示。从图中可以看出两者振幅大致相当,振动频率近似。为定量分析振动特性,对垂直方向速度进行功率谱分析,结果如图1.9所示,由图可知仿真的功率谱和试飞的功率谱基本重合。功率谱曲线可以定量显示振动幅度随频率的变化情况,图中两者的功率谱曲线都随频率的增大而减小,说明高频振动能量较弱,低频振动为主要影响成分。曲线在0.5Hz处有一个小的突起,说明0.5Hz是"奖状"S/Ⅱ型飞机飞行速度扰动的一个较为主要的振动频率。综合图1.8和图1.9的结果,可以说明六自由度实时仿真方法可以很好地模拟大气扰动下飞机的运动状态,得到符合实际的运动误差数据。

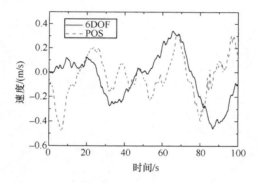

图 1.8　垂直方向的速度仿真和 POS 数据比较

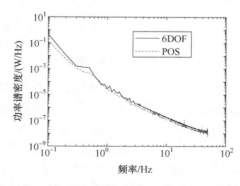

图 1.9　垂直方向功率谱密度和 POS 数据的功率谱密度比较

　　对激光雷达点云数据分布有明显影响的扰动参数主要为姿态角，选取其中的滚转角和俯仰角进行分析，结果如图 1.10 所示。为定量化得到滚转角和俯仰角的振动特性，计算了二者的功率谱密度，结果如图 1.11 所示。从图 1.11 中可以观察到，仿真数据和试飞数据的功率谱密度曲线可以很好地契合，说明仿真结果可以模拟出实际飞行中的姿态角的扰动情况。计算机仿真不受外界环境影响，可以得到任意飞行高度和速度下的运动误差数据，非常便捷。图 1.11(a)中滚转角功率谱密度曲线有一个峰值，对应于频率 0.35Hz 左右，说明"奖状"S/Ⅱ型飞机的滚转角扰动主频为 0.35Hz，但其功率谱密度并非单一频率分布，所以简单的正弦曲线不能代替真实的扰动情况。图 1.11(b)中俯仰角扰动没有明显的主频。

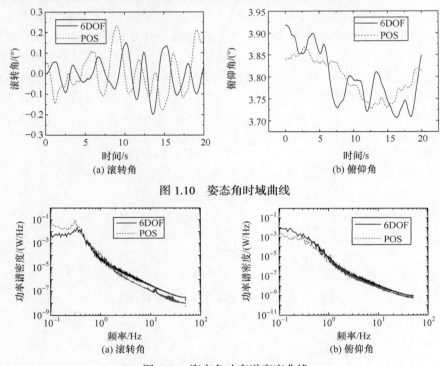

图 1.10　姿态角时域曲线

图 1.11　姿态角功率谱密度曲线

　　湍流风信号随飞行高度发生变化，总体趋势是高空风场湍流强度小于低空风场湍流强度。风场湍流强度会影响姿态扰动误差。当风场湍流强度增大时，飞行时姿态角扰动情况会加剧。改变仿真中湍流风的超越概率，可以仿真这种强度变化，从而计算出不同风场湍流强度下姿态角的变化情况，共选取轻微(10^{-2})、中度(10^{-3})、强烈(10^{-5})三种不同超越概率下的强度进行仿真。表 1.2 显示了在轻微、中度、强烈三种超越概率下的风场湍流强度均方差和姿态角的均方差。可以观察到，随风场湍流强度的增加，飞行误差迅速增大，说明风场湍流强度与飞行姿态有着非常明显的关联性。

表 1.2　不同超越概率下风场湍流强度和姿态角均方差值

序号	名称	超越概率	湍流强度均方差/(m/s)	姿态角均方差/(°)		
				滚转角	俯仰角	偏航角
1	轻微	10^{-2}	0.40	3.3	5.0	4.6
2	中度	10^{-3}	0.57	4.6	7.6	6.4
3	强烈	10^{-5}	1.09	8.2	17.5	11.8

1.5　本章小结

　　高分辨率对地观测系统的高精度实时运动成像要求平台维持理想匀速直线运动且姿态平稳。本章首先对影响平台理想匀速直线运动的外部环境与内部扰动做出分析评估，认为大气湍流是主要扰动源。然后针对大气扰动下的航空遥感飞行平台运动误差仿真展开研究，分别介绍了大气扰动模型及大气扰动下的飞行平台运动仿真建模。最后以"奖状"S/Ⅱ型飞机为例，在对比分析仿真数据与试飞数据的基础上，初步探讨了飞行平台运动误差对激光雷达成像设备精度的影响。

参 考 文 献

[1] 保铮, 邢孟道, 王彤. 雷达成像技术[M]. 北京: 电子工业出版社, 2005.

[2] Etkin B. Turbulent wind and its effect on flight[J]. Journal of Aircraft, 1981, 18(5): 327-345.

[3] 肖业伦, 金长江. 大气扰动中的飞行原理[M]. 北京: 国防工业出版社, 1993.

[4] Robinson P A, Reid L D. Modeling of turbulence and down bursts for flight simulators[J]. Journal of Aircraft, 1990, 27(8): 700-707.

[5] 徐钟济. 蒙特卡罗方法[M]. 上海: 上海科学技术出版社, 1985.

[6] Garza F R, Morelli E A. A collection of nonlinear aircraft simulations in MATLAB[R]. Technical Report NASA/TM. Hampton: NASA Langley Research Center, 2003.

[7] Ghassemian R. Evaluation of flight simulation software development tools[D]. Mentreal: Concordia University, 2002.

[8] Napolitano M R. Estimation of the lateral-directional aerodynamic parameters from flight data for the NASA F/A-18 HARV[D]. Morgantown: West Virginia University, 1998.

[9] Ostrom J. Developing a low-cost flight simulation to support fatigue analysis[C]. AIAA Modeling and Simulation Technologies Conference and Exhibit, 2004: 5161.

[10] 王海涛, 高金源. 基于混合遗传算法求解飞机平衡状态[J]. 航空学报, 2005, 26(4): 470-475.

[11] 白效贤. 试飞测试技术现状与发展[J]. 测控技术, 2004, 23(10): 1-2.

第 2 章　航空遥感惯性稳定平台系统原理与控制

2.1　引　　言

高分辨率是航空遥感系统的核心，除了高分辨率遥感载荷，制约遥感系统成像分辨率的主要因素是高性能稳定自适应平台，包括高精度惯性稳定平台和高精度位置与姿态测量系统(POS)。航空遥感惯性稳定平台是高分辨率对地遥感成像系统中不可或缺的核心设备，负责支撑并稳定载荷，可有效地隔离空中各种干扰力矩对遥感载荷视轴稳定的影响，使载荷视轴始终保持对地垂直稳定和对航迹跟踪稳定，为高分辨率航空遥感成像和高精度对地测绘提供基础保障[1]。

对载荷成像和遥感测绘而言，高分辨率航空遥感系统(如面阵电荷耦合器件(charge coupled device, CCD)式航空相机和成像光谱仪等)的高精度实时运动成像要求载机平台做匀速直线运动。然而，载机平台实际飞行中，会受到阵风、湍流等外部扰动以及发动机振动等内部扰动的影响，形成平台的复杂多模高阶随机运动，难以保持载荷相位中心的平稳理想匀速直线运动，导致成像质量下降甚至难以成像。因此，若想获得高分辨率对地观测图像，需要利用高精度惯性稳定平台创造稳定工作环境、提供满足要求的高实时姿态指向精度和姿态稳定精度。应用惯性稳定平台后，成像载荷视轴指向在工作角度范围内不随载机姿态变化，而是保持相对稳定，航空遥感作业时，将缩小相邻两帧图像的重叠区间并提高单帧图像的成像精度，进而提高航空遥感系统的作业效率和质量，因此高精度惯性稳定平台是遥感应用领域的重要发展方向。

在载机外部环境与内部扰动等多源扰动影响下，载机平台在多维空间上的非理想匀速直线运动不可避免，突出表现为非线性、大动态、随机性、多模式、高阶、交叉耦合等复杂形式。载机平台理想匀速直线运动已成为高精度实时运动成像的基本而又无法实现的要求，特别是随着遥感载荷分辨率要求的提高，运动误差导致遥感图像质量退化的问题变得更为突出，已成为高精度实时运动成像迫切需要解决的共性基础理论难题。因此，高分辨率遥感系统对高精度惯性稳定平台的这种需要显得尤为迫切，这就需要深入研究惯性稳定平台的高精度控制方法。

内外多源扰动环境特性对惯性稳定平台高精度控制极为不利,使得齿隙误差、偏心力矩、大惯量、摩擦、死区、饱和、框架耦合等非线性干扰影响变大,导致系统控制精度、稳定性及动态性能变差,且不能像小偏角、力矩电机直接驱动以及低精度要求等情况下可以进行忽略或线性化处理。因此,需要针对航空遥感惯性稳定平台的特性和应用环境特点,开展高精度高稳定度控制方法研究,以满足高分辨率航空遥感载荷对高精度惯性稳定平台的迫切需要,这对推动我国航空遥感技术的快速发展具有重要的理论意义和工程应用价值。

2.2 航空遥感惯性稳定平台研究现状

2.2.1 国内外研究现状

20 世纪 60 年代,美国、英国、法国、加拿大等国家相继开始研制用于军事目的的机载吊舱光电跟踪稳定平台,并得到了广泛的应用。我国相关科研院所也开展了几十年机载吊舱光电跟踪稳定平台的研制和应用工作,技术水平与国外相当。相对于机载光电吊舱,航空遥感惯性稳定平台的研究起步较晚。近年来,航空遥感惯性稳定平台技术在西方发达国家得到广泛重视,获得快速发展和应用,部分产品已实现商品化,代表性产品如下[1]。

德国 GSM3000 惯性稳定平台如图 2.1 所示,其主要参数如下:稳定范围为俯仰角±8.4°,横滚角±6.2°,航向角±25°;指向精度为 0.2°,水平轴姿态稳定度为 50∶1(均方根(root mean square, RMS));平台自重为 35kg,最大承载能力为 120kg。

(a) GSM3000 实物图　　　　　　　(b) GSM3000 与载荷的集成应用

图 2.1　GSM3000 惯性稳定平台

美国 T-AS 惯性稳定平台如图 2.2 所示,其主要参数如下:稳定范围为横滚角及俯仰角±5°,航向角±30°;指向精度为 0.5°,姿态稳定度为 1∶30(RMS);平台自重为 48kg,最大承载能力为 110kg。

瑞士 PAV30 和 PAV80 惯性稳定平台如图 2.3 所示。PAV30 惯性稳定平台如图 2.3(a)所示,其主要参数如下:稳定范围为俯仰角及横滚角±5°,航向角±30°;指向精度为 0.2°(RMS);平台自重为 34kg,最大承载能力为 100kg。PAV80 惯性

(a) T-AS 实物图　　　　　　　　　　　　　(b) T-AS 与载荷的集成应用

图 2.2　T-AS 惯性稳定平台

稳定平台是在 PAV30 惯性稳定平台的基础上于 2009 年研制出的产品,如图 2.3(b) 所示,其主要参数如下:稳定范围为横滚角±7°,俯仰角–8°～+6°,航向角±30°; 指向精度为 0.02°(RMS);平台自重为 36kg,最大承载能力为 100kg。相对于 PAV30, PAV80 采用了大力矩驱动技术,指向精度为 PAV30 的 10 倍。

(a) PAV30　　　　　　　　　　　　　　　(b) PAV80

图 2.3　PAV30 与 PAV80 惯性稳定平台

可以看出:目前国外最具有代表性的惯性稳定平台产品是德国 GSM3000 和 瑞士 PAV80,前者最大承载能力最大(120kg),后者指向精度最高(0.02°(RMS))。

国内航空遥感惯性稳定平台的研究起步较晚。"十一五"期间,在国家对地遥 感重要需求的牵引下,北京航空航天大学(北航)、北京航天控制仪器研究所、北 京自动化控制设备研究所以及中国测绘科学研究院等单位相继开展了相关研究工 作。2009 年,在国家高技术研究发展计划(863 计划)项目支持下研制成功高精度 大负载惯性稳定平台工程样机,指向精度为 0.2°(RMS),自重为 40kg,最大承载 能力为 80kg,稳定范围为横滚角和俯仰角±5°、航向角±25°。2010 年,研制成功 轻小型快响应惯性稳定平台工程样机,指向精度为 0.5°,自重为 12kg,最大承载 能力为 20kg,稳定范围为横滚角和俯仰角±8°、航向角±30°。

2012 年,研制成功超重载惯性稳定平台,如图 2.4 所示,其承载比和指向精 度与国外主流产品相当。

图 2.4　超重载惯性稳定平台实物图

2.2.2　航空遥感惯性稳定平台控制方法研究现状

目前，各类航空遥感惯性稳定平台实际应用中通常采用经典比例-积分-微分 (proportion integration differentiation，PID)控制技术，由稳定回路和跟踪回路组成双环控制，内环稳定回路用于抑制干扰，增强系统对被控对象参数变动和不确定性的鲁棒性，外环跟踪回路用于实现对期望目标的跟踪性能。各种改进的方法都是在基本稳定回路的基础上改进 PID 或针对系统中某种影响较大的因素加以补偿。从控制律类型来看，精密伺服控制通常采用 PID 控制和低通滤波线性补偿，但存在控制对象不确定性大、控制策略选择烦琐、抗干扰性能差等问题[1]。

由于实际的航空遥感惯性稳定平台系统是非线性、时变不确定性的复杂系统，处在不同环境和工作状态下还有各种不同干扰存在，因此常规的 PID 控制器难以达到理想的控制效果，其参数往往整定不良、性能欠佳、适应性较差。此外，由于存在一些模型不确定性因素，包括参数摄动(如负载变动、电机参数摄动等)和未建模动态(如传感器随机噪声、陀螺温漂、加速度计零偏等)，不能得到控制系统的精确模型。这些不确定性因素直接作用在控制回路中，造成系统稳定性下降甚至失稳，控制精度也无法保证，因此需要针对控制系统模型不确定性问题采用高精度、高稳定性的控制方法来提高系统性能[1-3]。

计算机技术和先进智能控制理论的发展为复杂动态不确定系统的控制提供了新的途径。近年来，多种先进控制方法已应用于惯性稳定系统中，如基于状态/干扰观测器的控制、自抗扰控制、自适应控制、模糊控制、神经网络控制、变结构控制、鲁棒控制以及多种方法间的组合控制等，比传统 PID 控制具有更好的控制效果。

影响光电跟踪平台稳定精度的各种干扰有摩擦力矩、质量不平衡偏心力矩、耦合力矩、气动干扰、动态不平衡、陀螺力矩、振动、齿隙、电缆柔性力矩、电磁干扰、陀螺和传感器噪声、陀螺安装误差、视轴偏差、量化误差、迟滞效应、电路噪声、弹性力矩等，其中，摩擦力矩、质量不平衡偏心力矩、耦合力矩是影响惯性稳定平台的主要因素。

很多外界干扰是未知的，使得基于干扰已知假设进行前馈补偿的方法受到限制，因此基于观测器的扰动抑制与补偿方法得到广泛重视和研究。研究发现，基于干扰观测器的鲁棒运动控制方法显示出较好的控制效率，可将建模误差、参数摄动及各种外界干扰通过引入相应的补偿，把被控对象近似为无摄动、无干扰的标称模型，并已在机器人控制等领域广泛应用。

其他方法方面：自适应补偿方法可以估计并补偿未知的周期性扰动；变结构控制能够克服系统参数摄动、外界干扰抵抗力弱及动态性能品质差等缺点，可提高稳定精度，具有快速响应、降阶、解耦和易于实现的优点；内模控制具有跟踪调节性能好、鲁棒性强、能消除不可测干扰等优点，在响应慢的过程控制中和响应快的伺服电机控制中取得了较 PID 不可比拟的成绩；对不确定性的保守估计可能导致较大的控制量，因此将鲁棒 H_∞ 控制与其他控制算法相结合可以获得好的控制效果，如自适应 H_∞ 跟踪控制。

综上，根据高分辨率遥感载荷对航空遥感惯性稳定平台高精度控制的需求，需要针对航空遥感惯性稳定平台特性和应用环境，采用先进的控制策略，研究具有鲁棒性、可靠性和抗干扰性的大负载惯性稳定平台高精度复合控制方法，使惯性稳定平台指向精度和稳定精度等关键指标得以提高。

2.3 航空遥感惯性稳定平台高精度控制原理、系统性能指标与主要扰动分析

2.3.1 航空遥感惯性稳定平台高精度控制原理

航空遥感惯性稳定平台的结构如图 2.5 所示，其由三个框架构成，由外至内分别是横滚框、俯仰框和方位框[4, 5]。横滚框的回转轴沿飞机飞行方向，用以隔离飞机的横滚角运动；俯仰框的回转轴沿飞机机翼方向，用以隔离飞机的俯仰角运动；方位框的回转轴垂直向下，用以隔离飞机的方位角运动；各回转轴均以顺时针旋转为正。因为成像载荷的视轴需要垂直向下，所以将方位框设计成中空的环形结构，通过一个大的方位轴承安装在俯仰框上，航空相机和 POS 等有效载荷通过过渡架固定到方位框上。

图 2.5 中，M_x、M_y、M_z 为三台力矩电机，其中，M_x 驱动横滚框转动；M_y 驱动俯仰框转动；M_z 驱动方位框转动。G_x、G_y、G_z 为安装在各框架上的速度陀螺，其中，G_x 测量横滚框相对于惯性空间的转动角速度；G_y 测量俯仰框相对

于惯性空间的转动角速度；G_z 测量方位框相对于惯性空间的转动角速度。A_x、A_y 为安装在俯仰框上的加速度计，其中，A_x 的测量轴与横滚框的旋转轴重合；A_y 的测量轴与俯仰框的旋转轴重合。R_x、R_y、R_z 为三台旋转变压器(或光电码盘)，用于测量两相邻框架间相对角度变化，可根据平台姿态解算出飞机的姿态，为其他系统提供姿态信息。其中，R_x 用于测量横滚框相对于机座的转动角度；R_y 用于测量俯仰框相对于横滚框的转动角度；R_z 用于测量方位框相对于俯仰框的转动角度。

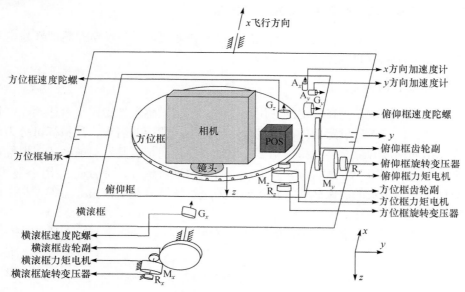

图 2.5　航空遥感惯性稳定平台结构示意图

伺服控制器根据速度陀螺测量到的框架角速度信息和 POS 测量出的姿态和位置信息(或通过两个水平框架加速度计解算出的水平姿态信息)，产生控制信号给力矩电机，力矩电机输出驱动力矩以抵消干扰力矩并驱动框架反向转动，补偿扰动产生的姿态变化，达到稳定和跟踪的目的。

航空遥感惯性稳定平台主要有两种工作模式：独立工作模式、平台+POS 组合工作模式。平台处于独立工作模式时，要求飞机处于匀速飞行状态，使飞机的运动干扰加速度尽可能小，此时平台使用自身安装的加速度计测量平台的水平姿态信息，并利用此信息控制平台的横滚框、俯仰框转动，从而跟踪当地水平面；独立工作模式下，方位框的指向处于手动控制状态。平台+POS 组合工作模式下，POS 与成像载荷一起安装在平台上，POS 测量出平台横滚、俯仰、方位三个转动方向的姿态，平台根据 POS 提供的姿态信息控制平台的三个框架进行转动，从而跟踪当地水平面和飞机航向。

　　航空遥感惯性稳定平台属于机电一体化的运动伺服系统，但它与常规的伺服系统有着很大的区别。常规的伺服系统是电机经过传动机构驱动负载，使其达到所需要的速度或者位置。而对于航空遥感惯性稳定平台，理想的伺服控制的结果是负载没有角速度，也没有角位置的变化，但实际上电机真正的作用是克服干扰力矩并驱动自身(包括转子和传动机构)反向实时补偿机座的角运动，从而保证负载的姿态保持惯性稳定状态(姿态相对于惯性空间保持静止)。

2.3.2　航空遥感惯性稳定平台系统性能指标

　　根据航空遥感惯性稳定平台的应用环境及作业要求，对航空遥感惯性稳定平台的性能指标进行如下描述和定义[6-8]。

　　1. 姿态指向精度

　　姿态指向精度是指在一定的应用环境下，航空遥感惯性稳定平台达到稳定状态之后姿态偏离参考设定值的误差统计。根据不同载荷的需求，该指标可分为单轴姿态指向精度和综合姿态指向精度。单轴姿态指向精度是针对航空遥感惯性稳定平台单方向(横滚 x、俯仰 y、方位 z)姿态误差进行统计，综合姿态指向精度是针对稳定平台承载的成像载荷视轴指向误差进行统计，是对横滚姿态误差和俯仰姿态误差的综合统计。

　　以 x 轴为例，其单轴姿态指向精度定义为

$$\delta^x = \left[\frac{1}{n} \sum_{i=1}^{n} \left(x_i - x_{\mathrm{ref}} \right)^2 \right]^{\frac{1}{2}} \tag{2-1}$$

综合姿态指向精度定义为

$$\delta = \left(\frac{1}{n} \sum_{i=1}^{n} \left[\left(x_i - x_{\mathrm{ref}} \right)^2 + \left(y_i - y_{\mathrm{ref}} \right)^2 \right] \right)^{\frac{1}{2}} \tag{2-2}$$

式中，x_i 和 y_i 分别为 x 轴和 y 轴第 i 个姿态数据；x_{ref} 和 y_{ref} 分别为 x 轴和 y 轴姿态指令。

　　在实际应用中，航空遥感惯性稳定平台 x 轴和 y 轴的姿态指令均恒为零，则上述综合姿态指向精度也可以写为

$$\delta = \left[\frac{1}{n} \sum_{i=1}^{n} \left(x_i^2 + y_i^2 \right) \right]^{\frac{1}{2}} \tag{2-3}$$

　　2. 姿态稳定精度

　　与上述姿态指向精度定义类似，姿态稳定精度主要考察稳态时平台姿态偏离

其平均值的误差统计。同样也分为单轴姿态稳定精度和综合姿态稳定精度。

以 x 轴为例，其单轴姿态稳定精度定义为

$$\sigma^x = \left[\frac{1}{n} \sum_{i=1}^{n} \left(x_i - \bar{x} \right)^2 \right]^{\frac{1}{2}} \tag{2-4}$$

综合姿态稳定精度定义为

$$\sigma = \left(\frac{1}{n} \sum_{i=1}^{n} \left[\left(x_i - \bar{x} \right)^2 + \left(y_i - \bar{y} \right)^2 \right] \right)^{\frac{1}{2}} \tag{2-5}$$

式中，$\bar{x} = \dfrac{1}{n} \sum_{i=1}^{n} x_i$；$\bar{y} = \dfrac{1}{n} \sum_{i=1}^{n} y_i$。

在实际应用中，针对稳定平台单个框架，控制器含有积分环节，根据平台的模型可以得知稳定平台单框架控制系统属于无静差系统，理想情况下，姿态误差应为零，同时不平衡力矩等干扰可以视为白噪声，根据控制模型可以得出由干扰引起的姿态稳态的均值也为零。因此，进入稳态之后，平台姿态误差的均值几乎为零。在实际测量中，单轴姿态指向精度和单轴姿态稳定精度非常接近。

3. 速度稳定精度

速度稳定精度是指航空遥感惯性稳定平台达到稳态之后速度波动量的统计。根据载荷的不同，速度稳定精度还可以分为相对速度稳定精度和绝对速度稳定精度。相对速度稳定精度是指在载荷曝光时间内对航空遥感惯性稳定平台速度误差的波动进行统计，绝对速度稳定精度是指在整个有效飞行过程中或者一条航线作业时间内对航空遥感惯性稳定平台速度波动进行统计。

4. 闭环力矩刚度

闭环力矩刚度指标源于传统的陀螺稳定平台，对于传统的陀螺稳定平台，其稳定回路虽然能够对干扰力矩起到卸载作用，但仍会引起角度偏差，于是将干扰力矩 M_d 与偏差角 Φ 的比值定义为力矩刚度，此指标考察系统的抗干扰能力，分为静态力矩刚度和动态力矩刚度。$S_\Phi(0)$ 为静态力矩刚度，反映的是平台抵抗常值干扰力矩的能力。当 $\omega \neq 0$ 时，$S_\Phi(\mathrm{j}\omega)$ 为动态力矩刚度，它反映的是稳定平台抵抗谐波干扰力矩的能力。

$$S_\Phi(\mathrm{j}\omega) = \frac{M_d(\mathrm{j}\omega)}{\Phi(\mathrm{j}\omega)} \tag{2-6}$$

对机载对地观测稳定平台而言，其跟踪回路有高精度 POS 作为基准，根据各控制器模型可以得到，在电机力矩能够克服干扰力矩的前提下，其静态力矩刚度

为无穷大。此外，稳定平台基座角频率干扰一般在 0.5Hz 以下，属于低频段，对于由基座角速动引起的干扰力矩，仿真试验表明其对平台姿态指向精度的影响很小，甚至可以忽略。

5. 闭环振荡度

闭环振荡度 M 体现了平台的稳定性，是平台频域内的重要设计指标，它与时域设计指标超调量相对应。M 越大，说明系统单位阶跃响应的超调量也越大，系统的阻尼系数越小，越容易造成系统的非线性振荡，使系统不稳定，进而造成平台倾倒。为了保证平台的工作品质，通常选取 $M = 1.1 \sim 1.5$。

6. 隔离带宽

隔离带宽是指航空遥感惯性稳定平台能够隔离干扰的频带宽度，即在干扰(一般是指力矩或者角速度)幅值有界的前提下，能够使得航空遥感惯性稳定平台保持一定精度的最大频率。对于不同类型的载荷，隔离带宽也有着不同的含义。例如，大面阵 CCD 式航空相机要求航空遥感惯性稳定平台在其曝光时间内(一般为 5～20ms)的姿态误差不超过半个像元等效的角度。依据等效的角度误差以及航空遥感惯性稳定平台的精度，可以推导出产生该角度误差所需要的时间统计量，以此来作为隔离带宽的指标。

一般情况下，机载对地观测稳定平台属于大惯量设备，在载荷曝光时间内，由于惯性，稳定平台不会对干扰立即做出响应，产生的姿态指向误差也较小，足以满足光学面阵 CCD 式航空相机成像的需要。

7. 隔离度

当航空遥感惯性稳定平台基座做正弦角运动(谐波运动)时，所产生的谐波干扰力矩会引起航空遥感惯性稳定平台框架产生同样频率的角运动，则定义平台框架角运动的幅值 $\Delta\phi_{lm}$ 与基座角运动的幅值 θ_{bm} 之比为稳定平台的隔离度，即

$$I_\theta = \frac{\Delta\phi_{lm}}{\theta_{bm}} \tag{2-7}$$

此指标与传统陀螺稳定平台隔离度指标相同，在国外航空遥感惯性稳定平台资料中又称为稳定度(degree of stabilization)或稳定等级(grade of stabilization)。它反映了航空遥感惯性稳定平台框架对基座角运动幅度的衰减程度，即对基座角运动干扰的补偿能力，该指标越小，说明平台的运动补偿效果越好，常用分贝值来表示，即

$$20\lg I_\theta = 20\lg\Delta\phi_{lm} - 20\lg\theta_{bm} \tag{2-8}$$

　　实际上航空遥感惯性稳定平台不可能完全隔离基座角振荡,隔离度指标越小,则表明干扰引起的航空遥感惯性稳定平台的角振荡对载荷的影响越小。实际系统中,航空遥感惯性稳定平台基座角运动波动幅度不大,一般最大波动为±5°。

　　为了研究干扰对航空遥感惯性稳定平台精度的影响,根据航空遥感系统的技术需求,综合考虑机械、电气等多方面因素,确立航空遥感惯性稳定平台系统的性能指标如下:

　　(1) 稳定回路增益越大,表征航空遥感惯性稳定平台系统抗干扰能力的 $S_\varphi(0)$ 越大,但应注意增益的上限受平台系统稳定性要求及系统机械频率的限制,不能随意增大。

　　(2) 闭环振荡度 M 越大,意味着平台系统的阻尼系数越小,力矩电机越有可能出现饱和,使电机功耗增大,甚至造成系统的非线性振荡,使系统不稳定。

　　(3) 闭环带宽 ω_b 的大小反映系统对输入响应的快慢,频带宽可使系统快速性提高,也使系统易受干扰的影响,需要综合考虑由载体姿态变化、弹性变形等引起的干扰频率范围、电子系统噪声引起的干扰频率、航空遥感惯性稳定平台所在计算机系统输出的最高频率、平台机械频率等变化。

　　(4) 为了保证航空遥感惯性稳定平台的稳定性,结合控制系统设计准则,选取相位裕度 $\lambda \geqslant 45°$。

2.3.3　航空遥感惯性稳定平台主要扰动分析

　　为了更好地研究航空遥感惯性稳定平台的控制,需要建立完整的航空遥感惯性稳定平台数学模型,在此基础上进行仿真分析、控制系统优化与设计等。通过仿真的形式进行设计,能够缩短开发周期,节约研究经费,提高产品质量。

　　航空遥感惯性稳定平台作为机电一体化产品,框架的机械特性会影响航空遥感惯性稳定平台的性能,而航空遥感惯性稳定平台控制系统性能品质决定着整个平台系统的性能。首先,需要针对航空遥感惯性稳定平台应用于航空遥感的背景及其自身的特点,结合理论力学、惯性技术、机电、控制等多学科知识建立系统模型,包括动力学模型和控制系统数学模型;然后,需要针对航空遥感惯性稳定平台系统的复杂特点,将其分成几部分分别进行建模,包括陀螺、电机驱动系统、平台负载、控制器等模型,分析航空遥感惯性稳定平台中的信号转换关系;最后,需要采用理论建模方法确定被控对象的参数,并设计测试系统,根据辨识建模的思想,检测影响平台稳定回路精度的开环光纤陀螺标度因数,从而确定平台的控制系统模型。

　　航空遥感惯性稳定平台精度的主要影响因素分类如图 2.6 所示。各种扰动因素中,影响最大的包括静态和动态不平衡力矩、动力学耦合力矩以及摩擦力矩等,除了提高机械精度外,这些扰动需要利用高精度强鲁棒性控制方法进行抑制[6-8]。

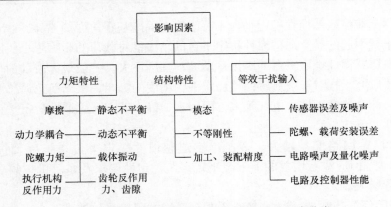

图 2.6　航空遥感惯性稳定平台精度的影响因素分类

1. 不平衡力矩

　　理论上航空遥感惯性稳定平台可以做到两个轴的交点交于平台质心上，但是由于机械加工、装配误差等，平台不可避免地会出现质量偏心，一般可以通过增加配重块的方式来对平台进行配重，消除质量偏心。然而，航空遥感惯性稳定平台在实际应用中往往要承载多种有效载荷，且载荷的质心在工作过程中可能是动态变化的，因此很难通过简单的补偿配重来完全消除质量偏心，从而在重力加速度和直线加速度的作用下产生了不平衡力矩。不平衡力矩产生的原理示意图如图 2.7 所示。

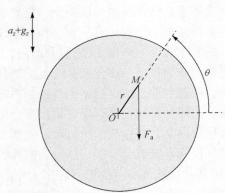

图 2.7　不平衡力矩产生原理示意图

　　质量不平衡力矩在平台上的作用示意图如图 2.8 所示，动基座分析适用于航摄时重力与扰动加速度叠加的偏心，而静基座分析适用于仅在重力作用下的偏心。

　　图 2.8 中，l_x 和 l_y 分别代表相对于框架水平方向和垂直方向的不平衡力臂，a_x 和 a_y 分别是作用在框架上水平方向和垂直方向的干扰加速度，g 为重力加速度，

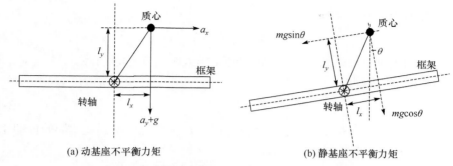

(a) 动基座不平衡力矩　　　　　　　　　　　(b) 静基座不平衡力矩

图 2.8　质量不平衡力矩在平台上的作用示意图

θ 为框架相对于当地水平面转动角度。对于静基座不平衡力矩，重力在各坐标轴上的分量随着框架的转动周期性变化。

2. 动力学耦合力矩

应用刚体动力学相关理论，采用 Newton-Euler 法和 Lagrange 方程法可以建立结果一致的航空遥感惯性稳定平台的完整动力学方程，继而分析基座对框架的耦合及框架间交叉耦合。稳定平台三个框架之间存在角速度的耦合，安装在不同位置的陀螺测量的角速度也存在耦合。

研究表明，对框架的耦合影响因素主要源自基座角运动，而框架彼此之间的耦合较弱，在干扰力矩作用下耦合引起的角速度误差被放大。因此，减小耦合力矩引起的误差需要同时抑制其他干扰力矩。当基座发生角运动时，横滚框所受耦合力矩最大，其次是俯仰框，而方位框没有耦合。在轴承间摩擦属于动摩擦的情况下，成像载荷相对惯性系偏转受到的影响随基座振动频率的增大而减小。而面对影响较大的基座低频振动，因其具有频率低、周期长的特点，控制系统通过提高快速性能够满足校正要求。

3. 摩擦力矩

机电伺服系统易受摩擦影响，特别是在低速运转时摩擦会影响系统稳态性能，甚至会导致系统产生爬行或极限环振荡现象，因此需要采用适当的方法来削弱其黏滞摩擦、滞滑、Stribeck 效应以及速度依赖等复杂非线性对平台的影响。平台工作中的摩擦选用 LuGre 模型描述可反映如图 2.9 所示的 Stribeck 现象，描述角速度在零附近时的摩擦现象。

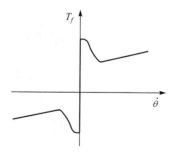

图 2.9　经典静态摩擦 Stribeck 模型

框架轴的摩擦力矩为

$$M_b = \mu F d / 2 \tag{2-9}$$

式中，μ 为轴承摩擦系数；F 为轴承承载的压力；d 为轴承直径。

电机摩擦力矩为

$$M'_m = i_m M_m \tag{2-10}$$

式中，M'_m 为核算到框架侧的电机摩擦力矩；i_m 为电机转子到框架侧的传动比；M_m 为电机转子在电机侧的摩擦力矩。

齿轮摩擦力矩为

$$M'_g = i_g M_g \tag{2-11}$$

式中，M'_g 为核算到框架侧的齿轮摩擦力矩；i_g 为齿轮到框架侧的传动比；M_g 为齿轮在电机侧的摩擦力矩。

2.4　航空遥感惯性稳定平台隔振方案

2.4.1　航空遥感惯性稳定平台隔振系统模型分析

航空遥感惯性稳定平台用于隔离外界扰动，控制系统能够响应控制带宽内的低频扰动，而检测不到高频扰动，需通过减振器进行隔离。根据航空遥感惯性稳定平台框架结构特点，同时考虑减振器安装空间、大隔振频率范围及控制系统稳定性要求，采用被动一次隔振方案，隔振系统模型如图 2.10 所示[9]。

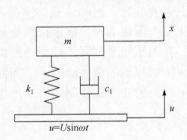

图 2.10　被动一次隔振系统模型

设 m 为被隔振对象(平台及基座)的质量，k_1 为减振器的刚度系数，c_1 为减振器的阻尼系数，x 为隔振对象的位移，u 为振源位移，则该模型的动力学方程为

$$m\ddot{x} + c_1\dot{x} + k_1 x = c_1\dot{u} + k_1 u \tag{2-12}$$

经 Laplace 变换后，得到

$$\frac{x(s)}{u(s)} = \frac{c_1 s + k_1}{m s^2 + c_1 s + k_1} \tag{2-13}$$

定义 T 为振动传递率，则有

$$T = \left| \frac{x(j\omega)}{u(j\omega)} \right| = \left| \frac{c_1(j\omega) + k_1}{m(j\omega)^2 + c_1(j\omega) + k_1} \right| = \sqrt{\frac{(c_1\omega)^2 + k_1^2}{(c_1\omega)^2 + (k_1 - m\omega^2)^2}} = \sqrt{\frac{1 + (2\varsigma\gamma)^2}{(1 - \gamma^2)^2 + (2\varsigma\gamma)^2}}$$

$$(2\text{-}14)$$

式中，频率比 $\gamma = \omega/\omega_1$；ω 为被隔离的振源角频率；ω_1 为隔振系统固有角频率且 $\omega_1 = \sqrt{k_1/m}$；阻尼比 $\varsigma = c_1/(2\sqrt{k_1 m})$。

2.4.2　航空遥感惯性稳定平台振动特性分析

根据隔振系统模型，利用 MATLAB 对模型进行仿真，只有当频率比 $\gamma > \sqrt{2}$ 时，系统才起到隔振作用。若单纯从隔振观点出发，隔振效果随阻尼比 ς 的增大而变差，故此时应控制 ς 的值，使之达到较小的值。但工程实践中常遇到外界突然冲击和扰动，为避免隔振对象产生过大振幅和谐振，通过人为增加阻尼来抑制振动，实用最佳阻尼比 $\varsigma = 0.05 \sim 0.2$。另外，随着 γ 的增大，T 的值越来越小，隔振效果越来越好。但 γ 不能过大，因为 γ 大意味着减振器的固有频率小，那么减振器就会很软，这样会使平台不稳定，易摇晃，而且当 γ 达到一定程度时，T 随 γ 的变化越来越小，隔振效果的改善越来越不明显。

2.4.3　航空遥感惯性稳定平台减振器选型与布局

安装减振器是有效的隔振措施，选用时主要依据振源的干扰频率和减振器的负荷。另外，根据振动仿真分析，可以确定减振器选用需满足干扰频率与隔振系统固有频率之比大于 $\sqrt{2}$。由减振器的作用可知，航空遥感惯性稳定平台固有频率越高越好，因为通过减振器将高频干扰隔离后，低频干扰不会引起航空遥感惯性稳定平台谐振，航空遥感惯性稳定平台的性能稳定且响应速度快，但航空遥感惯性稳定平台的结构特性限制了其固有频率。为了达到隔振效果，减振器公称负荷时的固有频率应小于航空遥感惯性稳定平台的固有频率，并要求在减振器不至于"过软"的情况下，固有频率越低越好。

利用模态分析结果，结合扰动特点、安装尺寸及负载情况，选择减振器并采用 4 点固定的方式将航空遥感惯性稳定平台与飞行平台连接，相当于 4 个减振器并联，此时 z 向总刚度为单个减振器刚度的 4 倍，根据公式 $\omega_n = \sqrt{k/m}$ 知，此时固有频率为原固有频率的 2 倍。减振器布局满足下列要求：

(1) 固定点位于同一平面内，航空遥感惯性稳定平台质量中心位于或者近似位于该平面上；

(2) 航空遥感惯性稳定平台质心应与各个固定点等距；

(3) 4 个减振器的负载能力相同，并且其总和应大于航空遥感惯性稳定平台和成像载荷总质量。

图 2.11 为航空遥感惯性稳定平台减振器布局示意图。

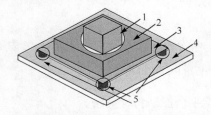

图 2.11　航空遥感惯性稳定平台减振器布局示意图
1-成像载荷；2-惯性稳定平台；3-基座；4-飞行平台；5-减振器

2.5　航空遥感惯性稳定平台控制系统建模

2.5.1　平台坐标系定义

　　航空遥感惯性稳定平台采用三自由度框架的机械架构，由外至内分别是横滚框、俯仰框和方位框。方位框组件安装在俯仰框上，并可绕自转轴旋转。俯仰框、横滚框相应组装在外一层的框架和载体基座结构上，并可绕自转轴旋转。为了叙述和分析问题方便，首先建立高精度航空遥感惯性稳定平台坐标系，即载体基座坐标系、横滚框坐标系、俯仰框坐标系和方位框坐标系，各坐标系间的空间关系如图 2.12 所示[10, 11]。

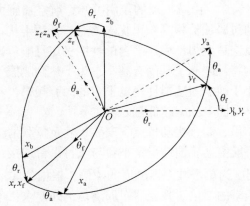

图 2.12　航空遥感惯性稳定平台系统坐标系定义

各坐标系定义如下：

(1) 载体基座坐标系 $Ox_by_bz_b$，x_b、y_b、z_b 分别指向飞行载体的右、前、上；

(2) 横滚框坐标系 $Ox_ry_rz_r$，横滚轴 y_r 与 y_b 同向，$Ox_ry_rz_r$ 相对 $Ox_by_bz_b$ 坐标系绕 y_b 轴旋转，产生横滚角 θ_r；

(3) 俯仰框坐标系 $Ox_fy_fz_f$，俯仰轴 x_f 与 x_r 同向，$Ox_fy_fz_f$ 相对 $Ox_ry_rz_r$ 坐标系绕 x_r 轴旋转，产生俯仰角 θ_f；

(4) 方位框坐标系 $Ox_ay_az_a$，方位轴 z_a 与 z_f 同向，$Ox_ay_az_a$ 相对 $Ox_fy_fz_f$ 坐标系绕 z_f 轴旋转，产生方位角 θ_a；

(5) 框架坐标系A，x_A、y_A、z_A 轴分别为 x_f、y_r、z_a 轴，即为相应轴上的力矩电机产生力矩的方向，也称为力矩电机坐标系。一般情况下该坐标系不是正交坐标系，只有当 $\theta_r=0$、$\theta_f=0$、$\theta_a=0$ (即框架处于中立位置)时，才为正交坐标系。

图 2.12 中，y_r 垂直于 $Ox_bx_rz_bz_r$ 平面，可知 y_r 垂直于 z_b；x_f 垂直于 $Oy_fy_rz_fz_r$ 平面，可知 x_f 垂直于 y_r；z_a 垂直于 $Ox_fx_ay_fy_a$ 平面，可知 x_f 垂直于 z_a；但 y_r 与 z_a 不是始终垂直的。

2.5.2　平台框架角速度关系分析

定义 C_b^r、C_r^f、C_f^a 分别为载体基座到横滚框、横滚框到俯仰框、俯仰框到方位框的方向余弦矩阵，根据坐标系关系，令转角 θ_r、θ_f、θ_a 逆时针为正，可推导出各矩阵为

$$C_b^r = \begin{bmatrix} \cos\theta_r & 0 & -\sin\theta_r \\ 0 & 1 & 0 \\ \sin\theta_r & 0 & \cos\theta_r \end{bmatrix} \tag{2-15}$$

$$C_r^f = \begin{bmatrix} 1 & 0 & 0 \\ 0 & \cos\theta_f & \sin\theta_f \\ 0 & -\sin\theta_f & \cos\theta_f \end{bmatrix} \tag{2-16}$$

$$C_f^a = \begin{bmatrix} \cos\theta_a & \sin\theta_a & 0 \\ -\sin\theta_a & \cos\theta_a & 0 \\ 0 & 0 & 1 \end{bmatrix} \tag{2-17}$$

设 ω_{ib} 为基座相对惯性空间的角速度，$\dot{\theta}_f$、$\dot{\theta}_r$、$\dot{\theta}_a$ 为俯仰框、横滚框、方位框绕其自转轴的框架相对角速度。ω_{ib} 通过横滚框架轴的摩擦带动或几何约束传递给横滚框，同时横滚电机伺服回路工作时产生框架相对角速度 $\dot{\theta}_r(\omega_{br}^r)$，产生横滚框相对惯性空间的角速度 ω_{ir}，横滚框相对惯性空间的角速度在横滚框坐标系的投影为

$$\omega_{ir}^{r} = C_{b}^{r}\omega_{ib}^{b} + \omega_{br}^{r} = \begin{bmatrix} \omega_{ibx}^{b}\cos\theta_{r} - \omega_{ibz}^{b}\sin\theta_{r} \\ \omega_{iby}^{b} + \dot{\theta}_{r} \\ \omega_{ibx}^{b}\sin\theta_{r} + \omega_{ibz}^{b}\cos\theta_{r} \end{bmatrix} \tag{2-18}$$

ω_{ir} 通过俯仰框架轴的摩擦带动或几何约束传递给俯仰框,同时俯仰电机伺服回路工作时产生框架相对角速度 $\dot{\theta}_{f}(\omega_{rf}^{r})$,产生俯仰框相对惯性空间的角速度 ω_{if},俯仰框相对惯性空间的角速度在俯仰框坐标系的投影为

$$\omega_{if}^{f} = C_{r}^{f}\omega_{ir}^{r} + \omega_{rf}^{f} = \begin{bmatrix} \omega_{irx}^{r} + \dot{\theta}_{f} \\ \omega_{iry}^{r}\cos\theta_{f} + \omega_{irz}^{r}\sin\theta_{f} \\ -\omega_{iry}^{r}\sin\theta_{f} + \omega_{irz}^{r}\cos\theta_{f} \end{bmatrix} \tag{2-19}$$

ω_{if} 通过方位框架轴的摩擦带动或几何约束传递给方位框,同时方位电机伺服回路工作时产生框架相对角速度 $\dot{\theta}_{a}(\omega_{fa}^{a})$,产生方位框相对惯性空间的角速度 ω_{ia},方位框相对惯性空间的角速度在方位框坐标系的投影为

$$\begin{aligned}\omega_{ia}^{a} = C_{f}^{a}\omega_{if}^{f} + \omega_{fa}^{a} &= \begin{bmatrix} \omega_{ifx}^{f}\cos\theta_{a} + \omega_{ify}^{f}\sin\theta_{a} \\ -\omega_{ifx}^{f}\sin\theta_{a} + \omega_{ify}^{f}\cos\theta_{a} \\ \omega_{ifz}^{f} + \dot{\theta}_{a} \end{bmatrix} \\ &= \begin{bmatrix} (\omega_{irx}^{r} + \dot{\theta}_{f})\cos\theta_{a} + (\omega_{iry}^{r}\cos\theta_{f} + \omega_{irz}^{r}\sin\theta_{f})\sin\theta_{a} \\ -(\omega_{irx}^{r} + \dot{\theta}_{f})\sin\theta_{a} + (\omega_{iry}^{r}\cos\theta_{f} + \omega_{irz}^{r}\sin\theta_{f})\cos\theta_{a} \\ -\omega_{iry}^{r}\sin\theta_{f} + \omega_{irz}^{r}\cos\theta_{f} + \dot{\theta}_{a} \end{bmatrix} \end{aligned} \tag{2-20}$$

式(2-20)可写成用三个框架轴 x_{f}、y_{r} 和 z_{a} 的角速度来表示的形式,即用 ω_{iry}^{r}、ω_{ifx}^{f} 和 ω_{iaz}^{a} 表示,由式(2-18)~式(2-20)可得

$$\begin{aligned}\omega_{ia}^{a} &= \begin{bmatrix} \omega_{ifx}^{f}\cos\theta_{a} + \omega_{iry}^{r}\cos\theta_{f}\sin\theta_{a} \\ -\omega_{ifx}^{f}\sin\theta_{a} + \omega_{iry}^{r}\cos\theta_{f}\cos\theta_{a} \\ \omega_{iaz}^{z} \end{bmatrix} \\ &\quad + \begin{bmatrix} \omega_{ibx}^{b}\sin\theta_{r}\sin\theta_{f}\sin\theta_{a} + \omega_{ibz}^{b}\cos\theta_{r}\sin\theta_{f}\sin\theta_{a} \\ \omega_{ibx}^{b}\sin\theta_{r}\sin\theta_{f}\cos\theta_{a} + \omega_{ibz}^{b}\cos\theta_{r}\sin\theta_{f}\cos\theta_{a} \\ 0 \end{bmatrix} \\ &= \begin{bmatrix} \cos\theta_{a} & \cos\theta_{f}\sin\theta_{a} & 0 \\ -\sin\theta_{a} & \cos\theta_{f}\cos\theta_{a} & 0 \\ 0 & 0 & 1 \end{bmatrix} \begin{bmatrix} \omega_{ifx}^{f} \\ \omega_{iry}^{r} \\ \omega_{iaz}^{z} \end{bmatrix} \end{aligned}$$

$$+\begin{bmatrix} \sin\theta_r\sin\theta_f\sin\theta_a & 0 & \cos\theta_r\sin\theta_f\sin\theta_a \\ \sin\theta_r\sin\theta_f\cos\theta_a & 0 & \cos\theta_r\sin\theta_f\cos\theta_a \\ 0 & 0 & 0 \end{bmatrix}\begin{bmatrix} \omega_{ibx}^b \\ \omega_{iby}^b \\ \omega_{ibz}^b \end{bmatrix} \tag{2-21}$$

$$= T_1\omega_{iA}^A + T_2\omega_{ib}^b$$

式(2-21)中，T_1 为框架几何关系阵，平台通过该矩阵将框架角速度传递给载荷；T_2 为基座角运动的几何约束耦合阵，平台通过该阵将基座角速度传递给载荷。

由式(2-18)和式(2-19)可得

$$\omega_{ifx}^f = \dot\theta_f + \omega_{ibx}^b\cos\theta_r - \omega_{ibz}^b\sin\theta_r \tag{2-22}$$

由式(2-18)可得

$$\omega_{iry}^r = \dot\theta_r + \omega_{iby}^b \tag{2-23}$$

由式(2-18)～式(2-20)可得

$$\omega_{iaz}^a = \dot\theta_a - \omega_{iby}^b\sin\theta_f - \dot\theta_r\sin\theta_f + \omega_{ibx}^b\sin\theta_r\cos\theta_f + \omega_{ibz}^b\cos\theta_r\cos\theta_f \tag{2-24}$$

将式(2-22)～式(2-24)代入式(2-21)可得

$$
\begin{aligned}
\omega_{iA}^A &= \begin{bmatrix} \omega_{ifx}^f \\ \omega_{iry}^r \\ \omega_{iaz}^a \end{bmatrix} = \begin{bmatrix} \dot\theta_f + \omega_{ibx}^b\cos\theta_r - \omega_{ibz}^b\sin\theta_r \\ \dot\theta_r + \omega_{iby}^b \\ \dot\theta_a - \omega_{iby}^b\sin\theta_f - \dot\theta_r\sin\theta_f + \omega_{ibx}^b\sin\theta_r\cos\theta_f + \omega_{ibz}^b\cos\theta_r\cos\theta_f \end{bmatrix} \\
&= \begin{bmatrix} \dot\theta_f \\ \dot\theta_r \\ \dot\theta_a \end{bmatrix} + \begin{bmatrix} 0 & 0 & 0 \\ 0 & 0 & 0 \\ 0 & -\sin\theta_f & 1 \end{bmatrix} + \begin{bmatrix} \cos\theta_r & 0 & -\sin\theta_r \\ 0 & 1 & 0 \\ \sin\theta_r\cos\theta_f & -\sin\theta_f & \cos\theta_r\cos\theta_f \end{bmatrix}\begin{bmatrix} \omega_{ibx}^b \\ \omega_{iby}^b \\ \omega_{ibz}^b \end{bmatrix} \\
&= \dot\theta_A + T_3\dot\theta_A + T_4\omega_{ib}^b
\end{aligned} \tag{2-25}
$$

因此式(2-21)可以写为

$$\omega_{ia}^a = (T_1 + T_1T_3)\dot\theta_A + (T_2 + T_1T_4)\omega_{ib}^b \tag{2-26}$$

式(2-26)说明平台载荷的角速度由电机的驱动角速度和基座角速度组成，如果适当地控制电机的驱动，就可以抵消基座的角运动。其中，T_3 是 $\dot\theta_A$ 的摩擦约束(直接带动)耦合阵，T_4 为 ω_{ib}^b 摩擦约束(直接带动)耦合阵[12]。

2.5.3　Newton-Euler 法推导平台动力学方程

1. Newton-Euler 法简介

航空遥感惯性稳定平台各框架运动时存在耦合关系，这些耦合包括基座对平台框架的外部耦合以及平台内部框架间的交叉耦合。根据几何约束关系，应用

Newton-Euler 动力学方程及矢量叠加原理，可推导稳定平台动力学方程[13]。

定义 J_{ax}、J_{ay}、J_{az} 分别为方位框(包括遥感载荷)绕 x_a、y_a、z_a 轴的转动惯量；J_{fx}、J_{fy}、J_{fz} 分别为俯仰框(不含方位框)绕 x_f、y_f、z_f 轴的转动惯量；J_{rx}、J_{ry}、J_{rz} 分别为横滚框(不含方位框、俯仰框)绕 x_r、y_r、z_r 轴的转动惯量。为了简化推导，假设各框架相对各自坐标系是轴对称的，根据 Newton-Euler 动力学方程有

$$\begin{cases} \dfrac{dH_x}{dt} + H_z\omega_y - H_y\omega_z = M_x \\[2mm] \dfrac{dH_y}{dt} + H_x\omega_z - H_z\omega_x = M_y \\[2mm] \dfrac{dH_z}{dt} + H_y\omega_x - H_x\omega_y = M_z \end{cases} \tag{2-27}$$

式中，H_x、H_y、H_z 为刚体动量矩 H 在动坐标系各轴上的投影；ω_x、ω_y、ω_z 为动坐标系的角速度 ω 在动坐标系各轴上的投影；M_x、M_y、M_z 为作用于刚体的外力矩 M 在动坐标系各轴上的投影。

应用 Newton-Euler 动力学方程推导惯性稳定平台动力学方程的步骤如下[14]：

(1) 为使刚体动量矩的表达形式更加简洁，选取框架坐标系为动坐标系，并写出动坐标系的角速度在动坐标系上的投影表达式；

(2) 写出方位框、俯仰框和横滚框的角速度在动坐标系各轴上的投影表达式，进而列写出各框架动量矩在动坐标系各轴上的投影表达式；

(3) 写出作用在惯性稳定平台上的外力矩在各轴上的投影表达式；

(4) 将这些关系式代入 Newton-Euler 动力学方程，得到航空遥感惯性稳定平台的动力学方程。

2. 方位框动力学方程推导

以俯仰框坐标系 $Ox_f y_f z_f$ 为动坐标系，ω_{if}^f 为俯仰框相对于惯性空间的角速度在俯仰框坐标系上的投影，方位框绕方位轴相对于俯仰框坐标系的角速度为 $\dot{\theta}_a$，方位框相对于惯性坐标系的角速度在俯仰框坐标系各轴的投影为

$$\omega_{iax}^f = \omega_{ifx}^f, \quad \omega_{iay}^f = \omega_{ify}^f, \quad \omega_{iaz}^f = \omega_{ifz}^f + \dot{\theta}_a \tag{2-28}$$

因为方位框的惯量主轴始终与方位框坐标系 $Ox_a y_a z_a$ 各轴重合，且近似满足 $J_{ax} = J_{ay}$，所以方位框绕方位轴旋转过程中，俯仰框坐标系各轴始终与方位框的惯量主轴重合。其中，z_f 轴就是自转轴，则方位框动量矩 H_a 在俯仰框坐标系各轴上的投影为

$$H_{ax}^f = J_{ax}\omega_{ifx}^f, \quad H_{ay}^f = J_{ay}\omega_{ify}^f, \quad H_{az}^f = J_{az}(\omega_{ifz}^f + \dot{\theta}_a) \tag{2-29}$$

在用 Newton-Euler 动力学方程推导平台方位框的动力学方程时，其中的刚体动量矩应以方位框动量矩代入，动坐标系的角速度应以俯仰框坐标系的角速度代入。在 Newton-Euler 动力学方程的第三式中 H_x、H_y 和 H_z 分别以式(2-29)中的 H_{ax}^f、H_{ay}^f 和 H_{az}^f 代入，ω_x 和 ω_y 分别以式(2-28)中的 ω_{iax}^f 和 ω_{iay}^f 代入，则方位框绕自转轴的动力学方程为

$$J_{az}(\dot{\omega}_{ifz}^f + \ddot{\theta}_a) = M_z \tag{2-30}$$

式(2-30)不含框架交叉耦合项，因此方位框系统没有耦合效应。

3. 俯仰框组件动力学方程

俯仰框组件主要包括方位框和俯仰框两个构件，当俯仰框组件绕俯仰轴转动时，俯仰框连同方位框一起转动，所以俯仰框组件的动量矩应包括俯仰框和方位框这两个构件的动量矩。仍以俯仰框坐标系 $Ox_f y_f z_f$ 为动坐标系，当俯仰框为对称结构时，俯仰框坐标系各轴与俯仰框的惯量主轴重合。设俯仰框对俯仰框坐标系各轴的转动惯量分别为 J_{fx}、J_{fy} 和 J_{fz}，则俯仰框动量矩在俯仰框坐标系各轴上的投影为

$$H_{fx}^f = J_{fx}\omega_{ifx}^f, \quad H_{fy}^f = J_{fy}\omega_{ify}^f, \quad H_{fz}^f = J_{fz}\omega_{ifz}^f \tag{2-31}$$

可得俯仰框组件动量矩在俯仰框坐标系各轴上的投影表达式为

$$\begin{cases} H_{Fx} = H_{ax}^f + H_{fx}^f = (J_{ax} + J_{fx})\omega_{ifx}^f \\ H_{Fy} = H_{ay}^f + H_{fy}^f = (J_{ay} + J_{fy})\omega_{ify}^f \\ H_{Fz} = H_{az}^f + H_{fz}^f = (J_{az} + J_{fz})\omega_{ifz}^f + J_{az}\dot{\theta}_a \end{cases} \tag{2-32}$$

在用 Newton-Euler 动力学方程(2-27)推导俯仰框组件的动力学方程时，其中的刚体动量矩应以俯仰框组件动量矩(2-32)代入，动坐标系的角速度仍以俯仰框坐标系的角速度代入，得俯仰框组件绕俯仰轴的 Newton-Euler 动力学方程为

$$[(J_{ax} + J_{fx})\omega_{ifx}^f]' + (J_{az} + J_{fz} - J_{ay} - J_{fy})\omega_{ify}^f \omega_{ifz}^f + J_{az}\dot{\theta}_a \omega_{ify}^f = M_x \tag{2-33}$$

由式(2-33)可知，俯仰框动力学方程中含框架交叉耦合项，耦合项中既包括基座角运动引起的耦合 $(J_{az} + J_{fz} - J_{ay} - J_{fy})\omega_{ify}^f \omega_{ifz}^f$，也包括框架角运动引起的耦合 $J_{az}\dot{\theta}_a \omega_{ify}^f$。

4. 横滚框组件动力学方程

横滚框组件包括方位框、俯仰框和横滚框三个构件。当横滚框组件绕横滚轴转动时，横滚框连同俯仰框、方位框一起转动，所以外框组件的动量矩应该包括

横滚框、俯仰框和方位框这三个构件的动量矩。以横滚框坐标系 $Ox_ry_rz_r$ 为动坐标系，当横滚框为对称结构时，横滚框坐标系各轴与横滚框的惯量主轴重合，设横滚框对横滚框坐标系各轴的转动惯量分别为 J_{rx}、J_{ry} 和 J_{rz}，横滚框相对于惯性空间的角速度在横滚框坐标系各轴的投影为 ω_{irx}^r、ω_{iry}^r 和 ω_{irz}^r，可得横滚框动量矩 H_r 在横滚框坐标系各轴上的投影表达式为

$$H_{rx}^r = J_{rx}\omega_{irx}^r, \quad H_{ry}^r = J_{ry}\omega_{iry}^r, \quad H_{rz}^r = J_{rz}\omega_{irz}^r \tag{2-34}$$

式(2-32)已经给出俯仰框组件动量矩在俯仰框坐标系各轴上的投影表达式，因此只需进行坐标转换便可得到俯仰框组件动量矩在横滚框坐标系各轴上的投影，具体关系为

$$H_F^r = C_f^r H_F = \begin{bmatrix} 1 & 0 & 0 \\ 0 & \cos\theta_f & -\sin\theta_f \\ 0 & \sin\theta_f & \cos\theta_f \end{bmatrix} \begin{bmatrix} H_{Fx} \\ H_{Fy} \\ H_{Fz} \end{bmatrix} \tag{2-35}$$

横滚框组件的总动量矩为 H_R，横滚框组件在横滚框坐标系各轴上的投影表达式为

$$
\begin{aligned}
H_R &= H_r + C_f^r H_F \\
&= \begin{bmatrix} J_{rx}\omega_{irx}^r \\ J_{ry}\omega_{iry}^r \\ J_{rz}\omega_{irz}^r \end{bmatrix} + \begin{bmatrix} 1 & 0 & 0 \\ 0 & \cos\theta_f & -\sin\theta_f \\ 0 & \sin\theta_f & \cos\theta_f \end{bmatrix} \begin{bmatrix} H_{Fx} \\ H_{Fy} \\ H_{Fz} \end{bmatrix} \\
&= \begin{bmatrix} J_{rx}\omega_{irx}^r + H_{Fx} \\ J_{ry}\omega_{iry}^r + \cos\theta_f H_{Fy} - \sin\theta_f H_{Fy} \\ J_{rz}\omega_{irz}^r + \sin\theta_f H_{Fy} + \cos\theta_f H_{Fz} \end{bmatrix}
\end{aligned} \tag{2-36}
$$

在用 Newton-Euler 动力学方程(2-27)推导横滚框组件的动力学方程时，其中的刚体动量矩应以横滚框组件动量矩代入，动坐标系的角速度以横滚框坐标系的角速度代入，得横滚框组件绕横滚轴的 Newton-Euler 动力学方程为

$$
\begin{aligned}
&(J_{ry}\omega_{iry}^r + \cos\theta_f H_{Fx} - \sin\theta_f H_{Fz})' + (J_{rx} - J_{rz})\omega_{irx}^r\omega_{irz}^r \\
&+ H_{Fx}\omega_{irz}^r - (\sin\theta_f H_{Fx} + \cos\theta_f H_{Fz})\omega_{irx}^r = M_y
\end{aligned} \tag{2-37}
$$

将式(2-32)代入式(2-37)可得

$$
\begin{aligned}
&[J_{ry}\omega_{iry}^r + \cos\theta_f(J_{ay} + J_{fy})\omega_{ify}^f - \sin\theta_f(J_{az} + J_{fz})\omega_{ifz}^f - \sin\theta_f J_{az}\dot{\theta}_a]' \\
&+ (J_{rx} - J_{rz})\omega_{irx}^r\omega_{irz}^r + (J_{ax} + J_{fx})\omega_{ifx}^f\omega_{irz}^r - \sin\theta_f(J_{ay} + J_{fy})\omega_{ify}^f\omega_{irx}^r \\
&- \cos\theta_f(J_{az} + J_{fz})\omega_{ifz}^f\omega_{irx}^r - \cos\theta_f J_{az}\dot{\theta}_a\omega_{irx}^r = M_y
\end{aligned} \tag{2-38}
$$

由式(2-38)可知，横滚框动力学方程中含框架交叉耦合项，耦合项中既包括基座角运动引起的耦合，也包括框架角运动引起的耦合，且耦合效应较俯仰框更为复杂。

2.5.4　平台控制系统数学模型[8, 15]

1. 控制系统模型分析

航空遥感惯性稳定平台俯仰框、横滚框、方位框均采用由位置环、速度环与电流环组成的伺服系统三环复合控制方案，如图 2.13 所示。

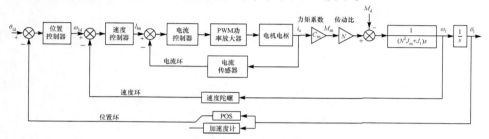

图 2.13　三环复合控制方案

位置环为控制系统的最外环，也是系统的主反馈，它可以使航空遥感惯性稳定平台跟踪上位机给出的角度指令。当给定角度指令与 POS 反馈的成像载荷当前姿态角度不一致时，位置环输出角速度指令，并传递到速度环，最后驱动力矩电机转动，从而达到跟踪指令角度的目的。

速度环由光纤速度陀螺作为角速度敏感元件，并进行反馈。速度环控制器可以提高航空遥感惯性稳定平台控制系统的快速性，即提高系统响应速度，抑制系统非线性以及增强系统对未知扰动的抵抗能力。

电流环由霍尔电流传感器作为测量元件，用于稳定力矩电机输入电流，从而稳定力矩电机的输出转矩。当力矩电机堵转时，电流环可以限制允许流入电机电流的最大值，从而保护电机及驱动电路的安全。

2. 电机驱动系统及平台负载模型分析

图 2.14 为大负载航空遥感惯性稳定平台的系统驱传动结构简化框图，未考虑其他干扰影响。

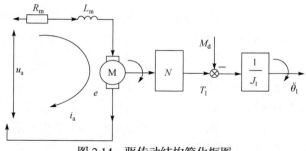

图 2.14　驱传动结构简化框图

　　航空遥感惯性稳定平台采用直流力矩电机作为驱动器件，驱动框架转动。根据平台力矩电机工作特点，要求电机在所需要的任何转速下($0\sim\omega_{\max}$)都要有能力输出最大转矩，以抵消干扰力矩。所以平台通常采用直流力矩电机作为平台执行部件，其特点是转矩大、体积小、性能优越，而且在散热良好的情况下，可以以峰值堵转力矩连续堵转运行。假设传动机构为理想比例环节，由直流力矩电机原理可知转矩与电流之间的关系为

$$M_{\mathrm{m}} = C_{\mathrm{m}} i_{\mathrm{a}} \tag{2-39}$$

反电动势与转速之间的关系为

$$e = C_{\mathrm{e}} \omega_{\mathrm{m}} \tag{2-40}$$

电压平衡方程为

$$u_{\mathrm{a}} = e + i_{\mathrm{a}} R_{\mathrm{m}} + L_{\mathrm{a}} \frac{\mathrm{d}i_{\mathrm{a}}}{\mathrm{d}t} \tag{2-41}$$

力矩平衡方程为

$$J \frac{\mathrm{d}\omega_{\mathrm{m}}}{\mathrm{d}t} = M_{\mathrm{m}} - M_{\mathrm{d}} \tag{2-42}$$

式中，M_{m} 为电机输出力矩；C_{m} 为力矩电机力矩系数；i_{a} 为力矩电机电枢电流；e 为力矩电机电枢反电势；C_{e} 为力矩电机反电势系数；ω_{m} 为平台力矩电机旋转角速度；$J = J_{\mathrm{m}} + J_{\mathrm{L}}$，$J_{\mathrm{m}}$、$J_{\mathrm{L}}$ 为力矩电机转子及负载等效到力矩电机端的转动惯量；u_{a} 为力矩电机控制电压；R_{m} 为力矩电机电枢电阻；L_{a} 为力矩电机电枢电感；M_{d} 为负载等效到力矩电机端的转矩。

　　建立"力矩电机+齿轮减速"传递函数模型时，电机输出轴与平台稳定轴间用减速器相连，减速比为 N，不考虑减速器的功率损失，可以将力矩电机端与成像载荷端的力矩等物理量进行相互转换，则有

$$\begin{cases} M_{\mathrm{m}} \omega_{\mathrm{m}} = M_{\mathrm{L}} \omega_{\mathrm{L}} \\ M_{\mathrm{m}} = M_{\mathrm{L}} / N \\ \omega_{\mathrm{m}} = \omega_{\mathrm{L}} N \end{cases} \tag{2-43}$$

式中，M_{L} 和 ω_{L} 分别为平台转矩和角速度。

　　根据动量矩定理 $J\dot{\omega} = M$ 可得

$$J_{\mathrm{m}} = J_{\mathrm{mL}} / N^2 \tag{2-44}$$

式中，J_{mL} 为转换到平台端的电机转子转动惯量。

　　航空遥感惯性稳定平台齿轮减速驱动方式下电机及平台负载模型如图 2.15 所示。其中，M_{dL}、M_{dm} 为作用在平台环架、电机上的干扰力矩；$N^2 C_{\mathrm{m}} C_{\mathrm{e}} / R_{\mathrm{m}}$ 为电机端向平台端折算的环架等效阻尼系数。

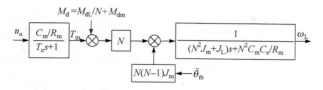

图 2.15　齿轮减速驱动方式下电机及平台负载模型

由上面的分析及推导可得力矩电机、减速器和环架传递函数阵 N、G_1、G_2 为

$$N = \mathrm{diag}(N_\mathrm{f}, N_\mathrm{r}, N_\mathrm{a}) \tag{2-45}$$

$$G_1 = \mathrm{diag}\left(\frac{C_\mathrm{mf} / R_\mathrm{mf}}{T_\mathrm{ef} s + 1}, \frac{C_\mathrm{mr} / R_\mathrm{mr}}{T_\mathrm{er} s + 1}, \frac{C_\mathrm{ma} / R_\mathrm{ma}}{T_\mathrm{ea} s + 1} \right) \tag{2-46}$$

$$G_2 = \mathrm{diag}\left(\frac{1}{(N_\mathrm{f}^2 J_\mathrm{mf} + J_\mathrm{Lf}) s + N_\mathrm{f}^2 C_\mathrm{mf} C_\mathrm{ef} / R_\mathrm{mf}}, \frac{1}{(N_\mathrm{r}^2 J_\mathrm{mr} + J_\mathrm{Lr}) s + N_\mathrm{r}^2 C_\mathrm{mr} C_\mathrm{er} / R_\mathrm{mr}}, \right.$$
$$\left. \frac{1}{(N_\mathrm{a}^2 J_\mathrm{ma} + J_\mathrm{La}) s + N_\mathrm{a}^2 C_\mathrm{ma} C_\mathrm{ea} / R_\mathrm{ma}} \right) \tag{2-47}$$

式中，下角 f、r、a 分别代表俯仰框、横滚框、方位框；T_e 为力矩电机时间常数；其他参数含义同前。

2.6　航空遥感惯性稳定平台控制方法

　　航空遥感惯性稳定平台的高精度伺服控制方法是平台的关键技术之一，其性能的好坏直接影响平台的稳定精度等各项性能指标。如前所述，实际应用中经典 PID 控制技术在稳定平台控制中得到广泛使用：由稳定回路和跟踪回路组成双环控制，控制器则主要是 PID 控制器，以及超前滞后校正等频域校正装置；在基本伺服控制方法的基础上，一些文献对系统中某种影响较大的因素进行了补偿方法研究；除上述基于传统的控制方法外，各种现代控制方法在惯性稳定系统中的应用也受到了广泛的关注[16-30]，如自适应控制[16-19]、滑模变结构控制[20]、自抗扰控制[21]、基于状态/干扰观测器的控制[22, 23]、模糊控制[24]、神经网络控制[25, 26]、鲁棒控制[27]以及多种方法间的组合控制[28-30]等，应用于惯性稳定系统中，比传统 PID 控制具有更好的控制效果。

2.6.1　基于 PID 的三环复合控制方法

　　PID 控制作为经典控制方法，是航空遥感惯性稳定平台中最常用的控制方法。为了达到平台预定的稳定性能指标要求，控制系统采用由电流环、稳定回路、跟踪回路组成的三闭环从属控制策略，并增加了干扰力矩前馈补偿通道，如图 2.16 所示。

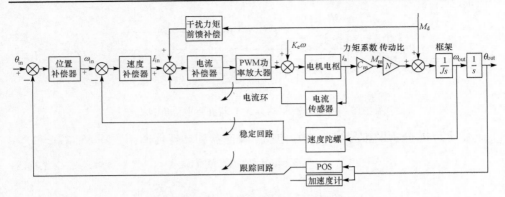

图 2.16　单框架三环路复合控制结构图

这种多环路正常工作需要满足越到内环控制带宽越高的要求，即电流环的响应最快，稳定回路次之，跟踪回路响应最慢，每个内环的工作从属于外环。因此，设计调节器的顺序是先低控制级后高控制级，先内环后外环，在每一步中将已经得到的结果用一个简单的模型去近似，采用这种迭代程序可以使控制系统的设计大为简化，每一步只需要处理整个系统的一部分。此外，还可以采用限制相应给定信号的办法来对每个中间被控变量进行限幅，而且将控制环一个接一个地顺序投入运行使得现场调试工作获得大大简化。

多环路从属控制系统已经被实践证明是非常有效的，其优点在于：

(1) 结构清晰；

(2) 从最内环开始分步设计，从而可以分成几个小的步骤来解决系统的稳定性和动态响应的问题；

(3) 内环的带宽较高，可以迅速抑制系统扰动，如干扰力矩、电源波动等；

(4) 能够方便地限制中间变量的幅值，如限制电机最大电流、最大转速、最大加速度等；

(5) 将外环打开，就可以简单地检查内环，进行现场试验。

然而，多环路从属控制结构并不是十全十美的，其有一个难以避免的缺点，即随着控制环数的增加，对参考输入信号的响应也就逐渐变慢，每增加一个环路，等效闭环时间常数至少增加 2 倍，因此多环从属控制系统对参考输入信号的响应一般慢于同等作用的单环控制系统。对于这个问题，可以通过对内环引入前馈的方法加以弥补。可以在电流环引入干扰力矩的前馈补偿通道，用高速电流环抑制干扰力矩，提高系统的动态响应精度；同时，由于平台姿态给定(是定值)，不会随时间变化而变化，所以无须增加位置前馈补偿。

图 2.17 为校正后稳定回路的单位阶跃响应及开环伯德图。经 PID 校正后，稳定回路开环带宽为 6.56rad/s，开环相位裕度为 68°。

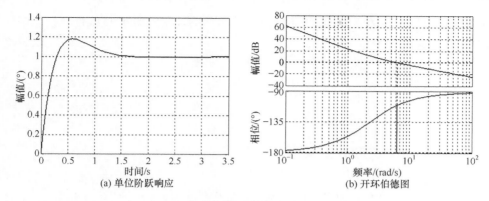

图 2.17　校正后稳定回路 PID 校正结果

2.6.2　框架动力学解耦控制方法[11, 13]

　　航空遥感惯性稳定平台框架运动角速度和角加速度较大时，各框架之间的耦合就比较严重，它们相互影响，并使转台框架系统的模型参数发生较大的变化，若不采取有效的解耦补偿措施将很难保证系统的精度和动态跟踪性能，严重时还会影响系统的稳定性。因此，在进行航空遥感惯性稳定平台控制系统设计时，必须考虑三个框架之间的动力学耦合问题，采用有效的解耦控制方法，从而保证系统输出精确的跟踪目标输入信号，提高航空遥感惯性稳定平台的控制精度和动态性能。

　　由 Newton-Euler 法或者 Lagrange 法建立的动力学方程是一组二阶非线性方程组，其求解过程非常复杂，在工程实际应用时往往要加以简化，忽略方程组中一些次要因素的影响，使其变为形式简单易于求解的方程组，采用这样的方程组来研究航空遥感惯性稳定平台的动力学耦合与解耦问题是足够精确的，如研究三轴惯性稳定平台的动力学耦合与解耦问题可以采用如下方程：

$$[(J_{ax} + J_{fx})\omega_{ifx}^{f}]' + (J_{az} + J_{fz} - J_{ay} - J_{fy})\omega_{ify}^{f}\omega_{ifz}^{f} + J_{az}\dot\theta_{a}\omega_{ify}^{f} = M_x \qquad (2\text{-}48)$$

　　俯仰框组件动力学方程如式(2-33)所示，实际惯性稳定平台由于机械结构约束，满足 $\theta_r \leqslant \pm(5°\sim8°)$，$\theta_f \leqslant \pm(5°\sim8°)$，因此系统动力学方程可做小角度线性化，式(2-33)中

$$\begin{aligned}\omega_{ifz}^{f} &= -(\omega_{iby}^{b} + \dot\theta_r)\sin\theta_f + \omega_{ibx}^{b}\sin\theta_r\cos\theta_f + \omega_{ibz}^{b}\cos\theta_r\cos\theta_f \\ &\approx \omega_{ibz}^{b}\end{aligned} \qquad (2\text{-}49)$$

小角度线性化后，俯仰框组件绕俯仰轴的动力学方程可简化为

$$[(J_{ax} + J_{fx})\omega_{ifx}^{f}]' + (J_{az} + J_{fz} - J_{ay} - J_{fy})\omega_{ify}^{f}\omega_{ibz}^{b} + J_{az}\dot\theta_{a}\omega_{ify}^{f} = M_x \qquad (2\text{-}50)$$

根据横滚框组件动力学方程，对横滚框组件动力学方程做小角度线性化，忽略一阶小量，式(2-38)中

$$
\begin{cases}
\omega_{iry}^{r} = \omega_{iby}^{b} + \dot{\theta}_{r} \\
\omega_{ify}^{f} = (\omega_{iby}^{b} + \dot{\theta}_{r})\cos\theta_{f} + \omega_{ibx}^{b}\sin\theta_{r}\sin\theta_{f} + \omega_{ibz}^{b}\cos\theta_{r}\sin\theta_{f} \\
\qquad \approx (\omega_{iby}^{b} + \dot{\theta}_{r}) = \omega_{iry}^{r}
\end{cases}
$$

$$
\begin{cases}
\omega_{irx}^{r} = \omega_{ibx}^{b}\cos\theta_{r} - \omega_{ibz}^{b}\sin\theta_{r} \approx \omega_{ibx}^{b} \\
\omega_{ifz}^{r} = \omega_{ibx}^{b}\sin\theta_{r} + \omega_{ibz}^{b}\cos\theta_{r} \approx \omega_{ibz}^{b} \\
\omega_{ifz}^{f} = -(\omega_{iby}^{b} + \dot{\theta}_{r})\sin\theta_{f} + \omega_{ibx}^{b}\sin\theta_{r}\cos\theta_{f} + \omega_{ibz}^{b}\cos\theta_{r}\cos\theta_{f} \approx \omega_{ibz}^{b}
\end{cases}
$$

小角度线性化后，横滚框组件绕横滚轴方向动力学方程可简化为

$$
\begin{aligned}
&[(J_{ry} + J_{ay} + J_{fy})\omega_{ify}^{f}]' + (J_{rx} - J_{rz})\omega_{ibx}^{b}\omega_{ibz}^{b} + (J_{ax} + J_{fx})\omega_{ifx}^{f}\omega_{ibz}^{b} \\
&- (J_{az} + J_{fz})\omega_{ibz}^{b}\omega_{ibx}^{b} + J_{az}\dot{\theta}_{a}\omega_{ibx}^{b} = M_{y}
\end{aligned}
\tag{2-51}
$$

由式(2-51)可知，俯仰框耦合力矩为 $(J_{az} + J_{fz} - J_{ay} - J_{fy})\omega_{ify}^{f}\omega_{ibz}^{b} - J_{az}\dot{\theta}_{a}\omega_{ify}^{f}$。其中，$\omega_{ify}^{f}$ 可由航空遥感惯性稳定平台俯仰框上的陀螺测量得到，ω_{ibz}^{b} 可由安装在基座上的 POS 测量得到，$\dot{\theta}_{a}$ 可由平台方位框上角位置传感器差分得到，因此系统可计算得到俯仰框的耦合力矩。

由式(2-51)可知，横滚框的耦合力矩为 $(J_{rx} - J_{rz})\omega_{ibx}^{b}\omega_{ibz}^{b} + (J_{ax} + J_{fx})\omega_{ifx}^{f}\omega_{ibz}^{b} - (J_{az} + J_{fz})\omega_{ibz}^{b}\omega_{ibx}^{b} + J_{az}\dot{\theta}_{a}\omega_{ibx}^{b}$。其中，$\omega_{ifx}^{f}$ 可由航空遥感惯性稳定平台俯仰框上的陀螺测量得到，ω_{ibx}^{b} 和 ω_{ibz}^{b} 可由安装在基座上的 POS 测量得到，$\dot{\theta}_{a}$ 可由平台方位框上角位置传感器差分得到，因此系统可计算得到横滚框的耦合力矩。

根据航空遥感惯性稳定平台俯仰、横滚简化后动力学模型，可知抑制框架间的耦合效应必须对基座的角速度、俯仰框的角速度和方位框角速度的影响进行补偿。基座的角速度可以由 POS 直接测量得到，俯仰框角速度可以由框架上安装的速度陀螺直接测量得到，方位框的角速度可以由位置传感器差分间接得到。因此，可以通过前馈补偿设计耦合力矩补偿控制器，耦合力矩补偿控制器引入基座角速度、俯仰框的角速度和方位框角速度信息，计算框架耦合力矩，然后在控制回路中进行前馈补偿，航空遥感惯性稳定平台三框架解耦原理框图如图 2.18 所示。

2.6.3 基于 LuGre 模型的反步积分摩擦自适应补偿方法[16,17]

反步设计法，又称后推法、回推法或反演法，它通常与 Lyapunov 型自适应律结合使用，即综合考虑控制律和自适应律，使整个闭环系统满足期望的动静态性

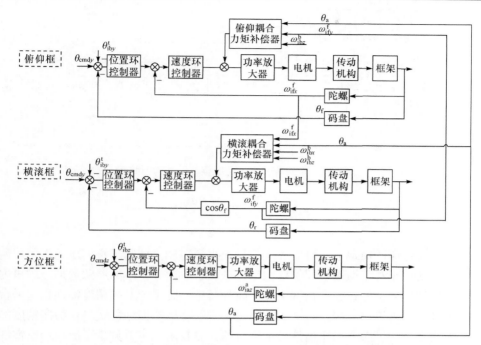

图 2.18 航空遥感惯性稳定平台三框架解耦控制原理框图

能。它是一种针对一类呈现或可转化为串联特征的控制系统的设计方法，该方法由 Kokotovic 等于 1991 年提出。

将非线性系统进行分解是反步设计法的主要设计思想，系统分解后将会得到小于等于系统阶数的若干个一阶系统，为每个子系统设计部分 Lyapunov 函数和中间虚拟控制量，并一直反推到整个系统，将它们集成起来完成整个控制律的设计。其基本设计方法是从一个高阶系统的开始(通常是系统输出量满足的动态方程)，设计虚拟控制律保证系统的某种性能，然后对得到的虚拟控制律逐步修正算法，但应保证既定性能；进而设计出真正的控制器，实现系统的全局跟踪，使系统达到期望的性能指标。反步设计法实际上是一种由前向后递推的设计方法，逐步迭代设计 Lyapunov 函数，最终实现系统的跟踪。它较为适合在线控制，以达到减少在线计算时间的目的。

反步设计法主要有两个优点:通过反向设计使 Lyapunov 函数和控制器的设计过程更加系统化、结构化；可以控制相对阶数大于 1 的非线性系统，消除了经典无源设计中相对阶为 1 的限制。

通过引入摩擦系数反映 LuGre 模型六个参数的改变，应用反步设计法设计出摩擦补偿自适应律和控制律，实现摩擦的动态补偿，如图 2.19 所示。

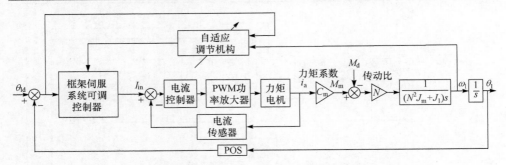

图 2.19　反步积分自适应摩擦补偿结构框图

2.7　本章小结

航空遥感惯性稳定平台可以隔离载机干扰角运动，抑制干扰力矩的作用，使航空相机视轴相对于惯性空间保持稳定，进而获取高分辨率的遥感数据。载机内外多源扰动影响，导致成像精度下降，高分辨率遥感系统对高精度惯性稳定平台的需求显得尤为迫切。控制系统的性能是影响航空遥感惯性稳定平台稳定精度的主要因素之一，是航空遥感惯性稳定平台的关键技术。本章分析了航空遥感惯性稳定平台的控制系统和控制方法，首先介绍了平台的组成及工作原理，其次对平台的建模进行了分析，再次采用 Newton-Euler 法对平台进行了动力学建模以及控制系统建模，最后对平台的控制方法进行了介绍，主要包括基于 PID 的控制方法和干扰补偿控制方法。

参 考 文 献

[1] 周向阳. 多源扰动下大负载航空遥感惯性稳定平台高精度高稳定度控制方法研究[R]. 北京：国家自然科学基金委员会，2013.

[2] Hilkert J M. Inertially stabilized platform technology: Concepts and principles[J]. IEEE Control Systems Magazine, 2008, 28(1): 26-46.

[3] Masten M K. Inertially stabilized platform for optical imaging system: Tracking dynamic targets with mobile sensors[J]. IEEE Control Systems Magazine, 2008, 28(1): 47-64.

[4] 房建成, 戚自辉, 钟麦英. 航空遥感用三轴惯性稳定平台不平衡力矩前馈补偿方法[J]. 中国惯性技术学报, 2010, 18(1): 38-43.

[5] Zhou X Y, Jia Y, Zhao Q, et al. Dual-rate-loop control based on disturbance observer of angular acceleration for a three-axis aerial inertially stabilized platform[J]. ISA Transactions, 2016, 63(7): 288-298.

[6] 穆全起. 机载对地观测三轴惯性稳定平台框架伺服控制技术研究[D]. 北京：北京航空航天大学, 2017.

[7] 朱如意. 高精度三轴惯性稳定平台系统建模与先进控制方法研究[D]. 北京：北京航空航天

大学, 2010.

[8] 戚自辉. 航空遥感三轴惯性稳定平台控制系统设计与实现[D]. 北京: 北京航空航天大学, 2010.

[9] 周向阳, 刘炜. 航空遥感惯性稳定平台振动特性分析与隔振系统设计[J]. 中国惯性技术学报, 2012, 20(3): 266-272.

[10] 李建平. 三轴惯性稳定平台解耦控制系统设计与实验验证[D]. 北京: 北京航空航天大学, 2012.

[11] Zhou X Y, Gong G H, Li J P, et al. Decoupling control for a three-axis inertially stabilized platform used for aerial remote sensing[J]. Transactions of the Institute of Measurement and Control, 2015, 37(9): 1135-1145.

[12] 秦永元. 惯性导航[M]. 北京: 科学出版社, 1996.

[13] 周向阳, 李建平, 刘炜. 航空摄影惯性稳定平台框架动力学研究与分析[J]. 测绘科学, 2013, 38(3): 24-27.

[14] 于波, 陈云相, 郭秀中. 惯性技术[M]. 北京: 北京航空航天大学出版社, 1994.

[15] 刘炜. 基于摩擦力矩补偿的航空遥感惯性稳定平台控制器设计[D]. 北京: 北京航空航天大学, 2012.

[16] 刘炜, 周向阳. 航空遥感惯性稳定平台非线性摩擦建模与补偿[J]. 机械工程学报, 2013, 49(15): 122-129.

[17] 周向阳, 刘炜. 航空遥感惯性稳定平台摩擦参数辨识[J]. 中国惯性技术学报, 2013, 21(6): 710-714.

[18] Zhou X Y, Yang C, Cai T T. A model reference adaptive control (MRAC)/PID compound scheme on disturbance rejection for an aerial inertially stabilized platform[J]. Journal of Sensors, 2016, (5): 1-11.

[19] Zhou X Y, Li L L, Cai T T. Adaptive fuzzy/PID compound control for unbalance torque disturbance rejection of aerial inertially stabilized platform[J]. International Journal of Advanced Robotic Systems, 2016, 13(5): 1-11.

[20] Zhou X Y, Jia Y, Li Y. An integral sliding mode controller based disturbances rejection compound scheme for inertially stabilized platform in aerial remote sensing[J]. Proceedings of the Institution of Mechanical Engineers Part G: Journal of Aerospace Engineering, 2018, 232(5): 932-943.

[21] Zhou X Y, Gao H, Zhao B L. A GA-based parameters tuning method for an ADRC controller of ISP for aerial remote sensing applications[J]. ISA Transactions, 2018, (81): 318-328.

[22] Zhou X Y, Zhu J, Zhao B L, et al. Extended state observer/proportion integration differentiation compound control based on dynamic modelling for an aerial inertially stabilized platform[J]. International Journal of Advanced Robotic Systems, 2017, 14(6): 1-10.

[23] 周向阳, 赵强. 基于角加速度的航空遥感平台稳定控制研究[J]. 测绘科学, 2015, 40(11): 19-22.

[24] 周向阳, 贾媛. 航空遥感惯性稳定平台模糊/PID 复合控制[J]. 仪器仪表学报, 2016, 37(11): 2545-2554.

[25] Zhou X Y, Li Y T, Jia Y, et al. An improved fuzzy neural network compound control scheme for

inertially stabilized platform for aerial remote sensing applications[J]. International Journal of Aerospace Engineering, 2018, (1): 1-15.

[26] Zhou X Y, Li Y T, Yue H X, et al. An improved cerebellar model articulation controller based on the compound algorithms of credit assignment and optimized smoothness for a three-axis inertially stabilized platform[J]. Mechatronics, 2018, 53(8): 95-108.

[27] 杨超. 基于鲁棒 H_∞ 的惯性稳定平台稳定性控制研究[D]. 北京: 北京航空航天大学, 2017.

[28] Zhou X Y, Jia Y, Zhao Q, et al. Experimental validation of a compound control scheme for a two-axis inertially stabilized platform with multi-sensors in an unmanned helicopter-based airborne power line inspection system[J]. Sensors, 2016, 16(3): 366-381.

[29] Zhou X Y, Zhao B L, Gong G H. Control parameters optimization based on co-simulation of a mechatronic system for an UA-based two-axis inertially stabilized platform[J]. Sensors, 2015, 15(8): 20169-20192.

[30] Zhou X Y, Zhang H Y, Yu R X. Decoupling control for two-axis inertially stabilized platform based on an inverse system and internal model control[J]. Mechatronics, 2014, 24(8): 1203-1213.

第3章　基于磁悬浮惯性执行机构的
天基平台振动抑制

3.1　引　　言

　　天基平台上，姿态控制系统惯性执行机构的高速转动带来的振动一般集中在高频率范围，其余部件带来的振动则主要集中在中低频率范围[1]，且很难通过姿态控制系统进行抑制。惯性执行机构的高速转动带来的高频振动给天基平台的指向精度和稳定性带来较大干扰。因此，开展惯性执行机构高速转动引起的振动抑制研究具有重要意义。

　　磁悬浮飞轮和磁悬浮控制力矩陀螺作为天基平台姿态控制的新型惯性执行机构，最主要的优点是其磁悬浮转子系统可以进行主动振动抑制，降低对卫星平台的影响。磁悬浮飞轮和磁悬浮控制力矩陀螺的主要振动源包括转子的质量不平衡和传感器误差等。转子质量不平衡产生的是与转速频率相同的同频振动，传感器误差产生的振动含有基频以及谐波成分，这些因素均会引起磁悬浮转子系统谐波电流，进而产生谐波振动。通过试验发现，消除磁悬浮转子控制电流中的谐波量可以很大程度上减小谐波振动。要实现天基平台的高指向精度和高稳定度，从而满足高分辨率成像载荷对平台微振动的需求，可以通过抑制磁悬浮飞轮和磁悬浮控制力矩陀螺中转子系统的谐波电流，进而实现振动抑制。

3.2　磁悬浮转子系统振动抑制研究现状

3.2.1　磁悬浮转子不平衡振动抑制方法研究现状

　　国内外学者对磁悬浮转子系统的质量不平衡问题进行了大量研究，解决方案主要分为两大类：一类是使转子绕几何轴转动，另一类是使转子绕惯性主轴转动。第一类方法使得转子的位移跳动量限制在一个很小的范围，应用于旋转精度高的场合。它的工作原理是利用磁轴承的电磁力来平衡转子不平衡质量产生的离心力，然而此类方法中转子产生的反作用力会传递给磁轴承定子，进而传向基座，使其振动；尤其是当转子高速旋转时，会产生较大的振动力和力矩并传递给卫星平台，不适用于微振动场合。第二类方法是使转子绕惯性主轴转动，不会有振动力的传递，也称为自平衡[2]。在磁悬浮转子的自平衡方面，国内外学者研究了许多方法。文献[3]针对传统陷波器影响系统稳定性的问题，采用了一种广义陷波器，其稳定策略是在传统陷波器中加入广义矩阵，其中，广义矩阵通过观测原闭环磁悬浮转子系统的灵敏度函数获得，使得系统具有一定的相位裕度，保证新闭环系统稳定，实现了系统在离散条件下全频率范围内的稳定。但是该广义矩阵依赖于转子系统的逆模型，计算过程复杂。文献[4]、[5]设计了一种基于最小均方差(least mean square, LMS)算法的前馈补偿控制方法，根据目标函数的形式分为直接LMS前馈控制和间接LMS前馈控制，通过LMS算法自适应调节同频信号的傅里叶系数，进行前馈补偿。文献[6]分析了传统陷波器对系统稳定性的影响，并利用频域分析法给出了采用LMS算法的系统闭环传递函数，证明了其同传统陷波器一样，也会影响原系统的稳定性。针对两种算法的缺点，文献[6]设计了一种新的前馈补偿算法，通过建立原系统的逆模型估计出转子的位移并与目标位移作差，进行自适应补偿。文献[7]、[8]设计了一种重复学习自适应算法，该算法类似于LMS算法，不同之处是设置了遗忘因子参数，通过调节遗忘因子可以增强和减弱系统的鲁棒性。同时，重复学习算法与LMS算法相比，在一定程度上提升了系统的稳定性，能够应用于转速变化范围大的场合，但是控制精度会受到影响。

文献[9]、[10]分别从理论上分析了磁悬浮控制力矩陀螺(control moment gyro, CMG)以及磁悬浮飞轮的转子系统质量不平衡对转子运动特性的影响，并通过试验分析了质量不平衡对高速转子运动轨迹的影响。文献[11]对磁悬浮飞轮转子的检测轴、支承轴和惯性轴三轴不共线引起的不平衡振动控制问题进行了分析，采用位移传感器调零的方式实现位移传感器误差补偿，对不平衡振动进行了有效控制。文献[12]、[13]主要针对由磁轴承位移负刚度引起的同频刚度力进行了研究，采用的方法是在电流环中加入同频位移刚度力前馈补偿，实现对同频振动力的消除，并采用高速闭环自适应辨识、低速开环补偿控制的方法，达到了在整个工作频率范围内对同频振动力的有效抑制。然而，转子转速不可避免地存在检测误差，开环补偿的相位误差会随着时间逐渐积累，补偿效果逐渐减弱，且该文献并未考虑功放的低通特性对前馈补偿的影响。针对功放的低通特性，文献[2]通过离线测试得到磁轴承功放参数，在恒定工作转速下对功放环节的低通特性进行了补偿。但是功放环节的幅值和相位随转速发生变化，且随温度等环境影响产生参数摄动，在全转速下采用功放的离线模型难以精确补偿由同频位移刚度力产生的振动[14]。

3.2.2　磁悬浮转子系统谐波振动抑制方法研究现状

在消除质量不平衡导致同频振动的基础上，转子的谐波振动成为磁悬浮转子系统高频振动的另一主要形式，谐波振动主要来源于磁悬浮转子系统的非线性和传感器误差。对于磁轴承非线性与谐波的关系，国内外学者对其产生机理进行了相关研究，主要从磁轴承的非线性磁力入手。文献[15]研究了静态偏心情况下磁悬浮转子的非线性振动力，仿真分析发现存在谐波响应成分以及混沌现象，并阐述了非线性产生谐波的机理。磁轴承非线性产生的谐波响应不仅与非线性磁力的各次项系数有关，而且与系统控制参数、转子的转速有对应的关系，故谐波幅值与相位是多变量时变参数。

传感器误差由传感器检测表面电或者磁特性不一致、检测面圆心与被检测面圆心不重合即缺乏同心度产生。与质量不平衡不同，传感器误差除产生同频干扰外，还会产生谐波扰动。传感器误差的概念首先由 Kim 和 Lee[16]在 1997 年提出，他在试验中发现即使没有不平衡量，传感器检测信号中仍然含有基频及谐波噪声，这就是传感器误差。Setiawan 等[17-20]为了实现转子绕几何中心旋转，对不平衡和传感器误差进行了一系列研究。文献[17]指出，转子的质量不平衡可以通过动平衡有效减小，而传感器误差是无法避免的。传感器误差的存在使得传感器测得的中心不是真正的几何中心，而是传感器测量几何中心。针对转子质量不平衡和传感器误差同时存在的情况，设计了自适应控制算法估算传感器误差的傅里叶系数从而进行补偿；采用切换转速实现了对转子传感器误差和不平衡量的基频分离，使转子绕几何中心旋转。但是该方法存在的缺陷主要有两方面：一方面是在不同的转速下收敛速度不同，并且对于参数摄动非常敏感；另一方面是该方法需要两个运转条件非常好的转速，传感器误差才能得到较好的辨识。文献[20]采用电流激励方法对不平衡扰动和传感器误差同时进行补偿，具体方法是通过改变偏置电流完成对传感器误差和不平衡量的分离，并基于此设计了一种简化的传感器谐波辨识方法。基本思想是让转子低速转动，由于低速转动时转子不平衡量等效的离心力较小被忽略，手动在传感器输出端加传感器谐波的估计信号，测试两者信号的差，如果差值为零，则表明估计信号准确。

在谐波信号的抑制方法中，根据能否同时抑制多种频率成分，可以将其分为两类：一类是对单一频率进行抑制，它们的共同特点是只能实现对单一频率成分扰动的抑制，要对多频率成分的谐波信号进行抑制需要该类算法的叠加，每一种频率成分对应一种算法。Nonami 等[21,22]对该类方法进行了相应的研究，采用的是一种多频率陷波器，考虑到转速对倍频补偿精度的影响，采用自适应梯度算法辨识出各个频率，实现了对转子倍频成分的高精度补偿，但是没有考虑陷波器对系统稳定性的影响，实现的是零位移控制。Sahinkaya 等[23]采用相位谐波序列信号实现系统的辨识，提供了一种控制策略实现对亚次谐波与超次谐波振动成分的消除。Cole 等[24]针对任意已知的高次谐波抑制，设计了一种多输入多输出鲁棒控制器。Hong 和 Langari[25]采用的一种模糊逻辑控制方法，对高次谐波扰动和参数摄动具有一定的鲁棒性。Jiang 和 Zhu[26]采用快速 LMS 自适应算法实现了零位移，且没有考虑传感器谐波对抑制效果的影响。然而，当扰动中频率成分较多时，该类算法的复杂性、计算量、占用计算机存储量大幅度提升，不利于工程实现。另一类方法不需要多个算法的叠加，而是采用一种算法实现对多种频率成分扰动的同时抑制，如重复控制器[27]。重复控制器在功率电子领域，如电机系统，取得了较好的效果[28,29]。但是磁悬浮转子系统不同于电机系统，磁悬浮转子系统开环不稳定[30]，且重复控制器的设计更为复杂，文献[31]采用主动控制器并联重复控制器的复合控制算法对谐波电流信号进行了有效抑制。

重复控制算法对于周期已知、幅值不确定、包含多种频率成分的周期性扰动能够进行有效的抑制，而且具有结构简单、计算量小、占用内存小等优点[32, 33]，适用于磁悬浮转子系统谐波振动的抑制[34-36]。

3.3　磁悬浮转子系统振动机理分析与动力学建模

对磁悬浮转子系统进行振动产生机理分析是建模的基础。磁悬浮转子系统动力学模型主要包含磁轴承电磁力模型、转子动力学模型以及功率放大器模型等。

3.3.1　磁悬浮转子动力学建模

以主被动磁悬浮控制力矩陀螺的磁悬浮转子为例，其结构由永磁体、转子和主动磁轴承组成，如图 3.1 所示。主动磁轴承控制转子径向两平动自由度，永磁环组成的被动磁轴承实现转子的两扭动自由度和轴向平动自由度的无源稳定悬浮。

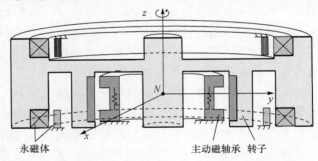

图 3.1　两自由度主被动磁悬浮转子系统结构示意图

以定子几何中心 N 为原点，转子绕 z 轴转动，按右手定则建立惯性坐标系 $Nxyz$。为简化问题，便于工程化研究，在磁悬浮转子有效建模范围可以作如下假设：①转子为刚性转子；②转子的两扭动自由度和两平动自由度相互解耦；③转子径向两平动自由度解耦并对称。

在磁悬浮转子的径向平动自由度 x 通道和 y 通道中，两通道解耦，所以可以只分析单个通道；同时转子的扭转自由度是由被动磁轴承控制的，因此不考虑转子动不平衡量。图 3.2 为转子静不平衡示意图，其中，Nxy 为惯性坐标系，以转子几何中心 O 为原点建立旋转坐标系 $O\varsigma\xi$，C 为转子的质心，Ω 为转子速度。设其中 OC 的长度矢量为 e，在 $O\varsigma\xi$ 的坐标表示为 (e_x, e_y)，NO 的长度矢量为 R_e，在 Nxy 的坐标表示为 (x, y)，OC 与坐标轴 $O\xi$ 的夹角为 δ，质心在 Nxy 坐标系表示为 $C(x_e, y_e)$，有

$$\begin{cases} x_e = x + e\cos(\Omega t + \delta) \\ y_e = y + e\sin(\Omega t + \delta) \end{cases} \tag{3-1}$$

不考虑重力的影响可得

$$\begin{cases} f_x = m\ddot{x} - me\Omega^2\cos(\Omega t + \delta) \\ f_y = m\ddot{y} - me\Omega^2\sin(\Omega t + \delta) \end{cases} \tag{3-2}$$

式中，m 为转子组件质量；f_x、f_y 分别为 x、y 方向轴承的径向力。

主被动磁轴承不仅包括主动磁轴承，还包括被动磁轴承，所以磁力 f_x 由主动磁轴承电磁力 f_{ex} 和被动磁轴承磁力 f_{px} 两部分组成。在对主被动磁轴承磁力建模时，需要分开讨论两类磁轴承的磁力模型。

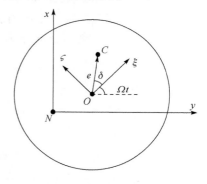

图 3.2 转子静不平衡示意图

在可控的两径向平动自由度上，主动磁轴承采用的是永磁偏置的结构，由永磁体等效提供偏置电流，功率放大器提供控制电流，采用差动形式作用于磁轴承。根据经典主动磁轴承理论模型[37]，忽略两通道电磁力耦合，可以得到 x 通道产生的电磁力 f_{ex} 为

$$f_{ex} = \frac{N_\mu^2 A_\mu \mu_0}{4}\left[\frac{(I_0 + i_x)^2}{(s_0 - x)^2} - \frac{(I_0 - i_x)^2}{(s_0 + x)^2}\right] \tag{3-3}$$

式中，N_μ 为线圈匝数；A_μ 为磁极截面积；I_0 为等效偏置电流；i_x 为控制电流；s_0 为单边磁间隙；μ_0 为真空磁导率。

在工程中实现转子的稳定悬浮，只需要考虑主动磁轴承的线性化模型，因此在磁轴承控制器设计过程中，可以将主动磁轴承的电磁力 f_{ex} 线性化表示为

$$f_{ex} \approx k_{er}x + K_i i_x \tag{3-4}$$

式(3-4)简化了电磁力模型，有利于控制器的设计，在实际控制中得到了广泛验证。式中，k_{er}、K_i 分别为主动磁轴承位移刚度、电流刚度，并且有

$$\begin{cases} k_{er} = \dfrac{\partial f_x}{\partial x}\bigg|_{(i_x=0,x=0)} = 4K\dfrac{I_0}{x_0^2} \\[3mm] K_i = \dfrac{\partial f_x}{\partial i}\bigg|_{(i_x=0,x=0)} = 4K\dfrac{I_0^2}{x_0^3} \end{cases} \tag{3-5}$$

式中，$K = \dfrac{\mu_0 A_\mu N_\mu^2}{4}$。

　　被动磁轴承由内、外永磁环构成，其中，内永磁环安装在转子上，外永磁环安装在定子上，通过两永磁环的相互作用实现转子轴向和扭动的无源稳定悬浮，如图 3.1 所示。但是被动永磁环在转子的径向平动自由度产生额外的磁力，所以需要分析被动永磁环在径向平动自由度上的力学模型。由于被动永磁环扭转刚度大，转子径向扭转角度可以看作等于零。因此，对转子径向位移刚度进行计算时，可以忽略转子径向扭转角对被动磁轴承位移刚度的影响。被动永磁环内、外环分布及充磁方向分布如图 3.3 所示，其中，外环定子几何中心为坐标系 $Nxyz$ 的原点 N。以转子两扭转角度等于零为前提，采用等效磁荷积分法[38]求得 x 通道(y 通道与 x 通道等效)径向被动磁轴承力与转子位移的关系，如图 3.4 所示。径向被动磁

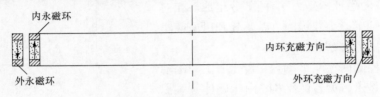

图 3.3　被动永磁环

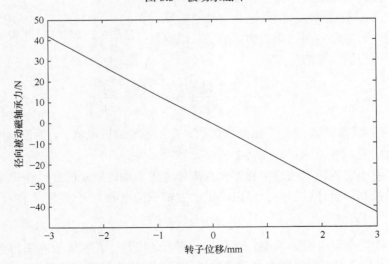

图 3.4　被动永磁环转子位移-径向被动磁轴承力关系曲线

轴承力与转子位移呈线性关系，且表示为

$$f_{px} = k_{pr}x \tag{3-6}$$

式中，k_{pr} 为被动径向位移刚度。

由于主动磁轴承控制系统是开环不稳定的，需要通过位移反馈环节形成闭环控制实现转子稳定悬浮。磁悬浮转子控制系统原理如图 3.5 所示。

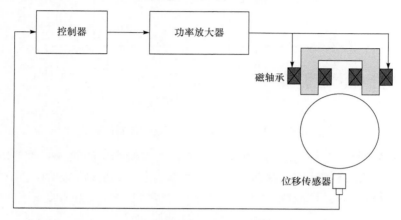

图 3.5　磁悬浮转子控制系统原理图

考虑到传感器的截止频率远大于转子最高转速，位移传感器环节可以看成比例环节[11]，采用的传递函数表示为 K_s，控制器环节的传递函数表示为 $G_c(s)$。功率放大器采用电流反馈形成闭环，增加功率放大器的带宽，提升系统闭环特性，如图 3.6 所示。其中，K_{amp} 是功率放大器前向控制器的比例系数；K_{ico} 是功率放大器的比例反馈系数；L 是主动磁轴承内部线圈电感；R_l 为主动磁轴承内部线圈电阻。功率放大器的传递函数 $G_w(s)$ 为

$$G_w(s) = \frac{I(s)}{U(s)} = \frac{K_{amp}}{Ls + R_l + K_{amp}K_{ico}} \tag{3-7}$$

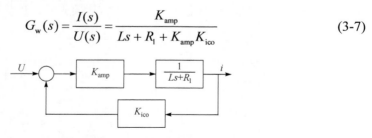

图 3.6　功率放大器原理框图

根据以上对磁轴承各个环节的描述与建模，在不考虑磁轴承非线性的情况下，联合式(3-2)、式(3-4)和式(3-6)，可以得到磁悬浮转子系统的动力学模型为

$$ms^2X(s) = (k_{pr} + k_{er})X(s) - K_iK_sG_w(s)X(s) + me\Omega^2\cos(\Omega t + \delta) \tag{3-8}$$

采用的控制框图如图 3.7 所示。其中，$R(s)$ 为系统的参考输入；$f_u(s)$ 为转子静不平衡量等效的外部干扰力的传递函数；$X(s)$ 为系统输出；$P(s)$ 为转子系统的传递函数，表达式为

$$P(s) = \frac{1}{ms^2 - (k_{er} + k_{pr})} \tag{3-9}$$

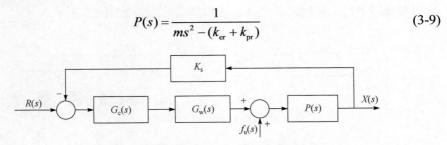

图 3.7　主被动磁悬浮转子系统的控制框图

从磁悬浮转子系统的动力学模型可以看出，系统产生的同频振动主要来自转子质量不平衡。在阐述同频振动产生机理的基础上，分析谐波振动产生的机理是实现微振动的前提。谐波成分的种类比较多，包括基频、二倍频、三倍频等，统称为谐波振动。

3.3.2　传感器误差的产生机理分析及建模

在工程应用中，转子的质量不平衡可以通过动平衡减小，达到主动可控的范围。相比而言，传感器误差是不可避免的，对已经定型的磁悬浮转子系统来说，无法通过有效的方式消除传感器误差，因为它是由传感器检测表面电或磁特性不一致、检测面圆心与被检测面圆心不重合即缺乏同心度产生的，如图 3.8 所示。传感器误差是由转子旋转产生的，所以它与转子转速存在一定的比例关系，但与质量不平衡不同的是，传感器误差除了产生基频成分，还会产生倍频成分。

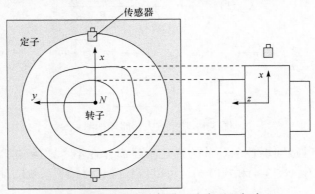

图 3.8　传感器谐波示意图(N 为定子几何中心)

由文献[20]可知，传感器误差表现为叠加在转子实际位移上的噪声，所以传感器实际测得的信号 $x_s(t)$ 为

$$x_s(t) = x(t) + d(t) \tag{3-10}$$

式中，$x(t)$ 为转子实际位移；$d(t)$ 为传感器误差，采用傅里叶系数形式表示为

$$d(t) = a_0 + a_1\sin(\Omega t) + b_1\cos(\Omega t) + \sum_{i=2}^{n}[a_i\sin(i\Omega t) + b_i\cos(i\Omega t)] \tag{3-11}$$

式中，$i = 2, 3, \cdots$；a_0 是传感器误差中的直流成分，物理含义为传感器检测中心与磁轴承作用力中心不重合，直流成分 a_0 不会产生周期性振动；a_1、b_1 为传感器误差基频成分系数；a_i、b_i 为传感器误差倍频成分系数，是传感器误差产生谐波振动的起因。

3.4　基于改进的重复控制器的磁悬浮转子系统谐波振动抑制

3.4.1　重复控制器抑制周期性扰动的原理

重复控制器(repetitive controller，RC)是由内模原理演变而来的，本质是通过将外部信号的等效模型植入控制器内部，实现对外部信号的跟踪或抑制[39]。为了实现对周期性扰动信号的有效抑制，通常采用插入式重复控制器系统，如图 3.9 所示。其中，$R(s)$ 是参考输入；$E(s)$ 是跟踪误差；$G_{ctr}(s)$ 是反馈控制器；$G_{rc}(s)$ 是重复控制器；$G_p(s)$ 是控制对象传递函数；$C(s)$ 是输出；$d(s)$ 是外部扰动。由于重复控制器引入无穷的不稳定极点，为了改善系统稳定性，Inoue 等[40]通过在基本重复控制器中加入低通滤波器 $Q(s)$ 对系统进行改善；同时为了提升系统的鲁棒性，引入补偿函数 $B(s)$。图 3.9 中重复控制器的传递函数为

$$G_{rc}(s) = \frac{Q(s)e^{-Ts}}{1 - Q(s)e^{-Ts}}B(s) \tag{3-12}$$

式中，T 为干扰信号的周期。

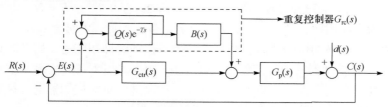

图 3.9　插入式重复控制器原理框图

由图 3.9 可以求出系统的跟踪误差 $E(s)$ 与输入 $R(s)$ 和外部扰动 $d(s)$ 的传递函数为

$$E(s) = \frac{\left[1 - Q(s)\mathrm{e}^{-Ts}\right][R(s) - d(s)]}{1 + G_{\mathrm{ctr}}(s)G_{\mathrm{p}}(s) - Q(s)\mathrm{e}^{-Ts}[1 - B(s)G_{\mathrm{p}}(s) + G_{\mathrm{ctr}}(s)G_{\mathrm{p}}(s)]} \tag{3-13}$$

当周期信号 $R(s)$ 和外部扰动 $d(s)$ 的频率满足 $\omega_{\mathrm{n}} = \dfrac{2\pi}{T}n$ ($n = 1, 2, \cdots$)，且存在 $Q(s)$ 的截止频率 $\omega_{\mathrm{c}} \gg \omega_{\max}$ (其中，$\omega_{\max}$ 为信号中频率的最大值)时，有 $\mathrm{e}^{-Ts} = 1$，则

$$1 - Q(\mathrm{j}\omega_{\mathrm{n}})\mathrm{e}^{-\mathrm{j}T\omega_{\mathrm{n}}} = 0 \tag{3-14}$$

根据式(3-14)可以得到，系统的稳态跟踪误差信号为零。表明插入式重复控制器对周期性信号具有很好的跟踪或抑制能力，而且能够实现对多种谐波成分的同时抑制。

3.4.2　改进的重复控制器的设计

由 3.4.1 节的分析过程可以看出，重复控制器的抑制精度，即稳态跟踪误差与低通滤波器 $Q(s)$ 有紧密的联系。在实际系统中，为了满足系统的稳定性，$Q(s)$ 的带宽会受到限制，截止频率不可能无限大[41]。因此，对于高频信号，$Q(s)$ 的幅值会衰减并伴有相位滞后，式(3-14)并不是绝对成立的。即当所抑制的信号频率成分较高时，$|Q(\mathrm{j}\omega_{\mathrm{n}})|$ 小于 1，误差项并不为 0，并且频率越高，抑制效果也就越差。

同时，在设计过程中，通常将 $B(s)$ 设计成系统的逆模型[42]。由于存在各种不确定因素，系统的逆模型很难精确建立，同时与电机系统等比较，磁悬浮转子系统是开环不稳定的，其闭环系统中存在右半平面的零点，建立其逆模型会引入不稳定极点，所以传统重复控制器中 $B(s)$ 的设计方法在磁悬浮转子系统中是不可取的。

为了有效提升系统的稳定性并使跟踪误差最小化，采用一种改进的重复控制器，如图 3.10 所示。将通用插入式重复控制器中的 e^{-Ts} 环节变换成 $\mathrm{e}^{-T_{\mathrm{t}1}s}$ 和 $\mathrm{e}^{-T_2 s}$，同时在重复控制器中引入相位补偿函数 $K_{\mathrm{f}}(s)$ 和增益调节参数 K_{rc}，其中 $T_{\mathrm{t}1} + T_2 = T$。对于离散型系统，当周期 $T = NT_{\mathrm{s}}$ 时，存在 $N_1 + N_2 = N$，其中，N 为整数，T_{s} 为采样周期，$T_{\mathrm{t}1} = N_1 T_{\mathrm{s}}$，$T_2 = N_2 T_{\mathrm{s}}$。考虑到低通滤波器 $Q(s)$ 引起高频段信号幅值的衰减和相位的滞后，会降低系统对扰动的抑制能力，因此将低通滤波器 $Q(s)$ 由重复控制器的内环节移动到外环节。并且，针对磁悬浮转子系统，为了方便稳定性的分析和控制参数的优化设计，将改进的重复控制器与反馈控制器的输出由相加改变为相减，这将在 3.4.3 节具体说明。

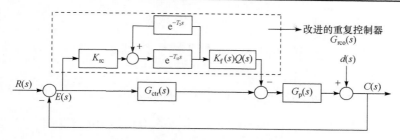

图 3.10　改进的重复控制器原理框图

从图 3.10 中可以得到跟踪误差 $E(s)$ 与输入 $R(s)$ 和外部扰动 $d(s)$ 的传递函数为

$$E(s) = \frac{(1 - \mathrm{e}^{-Ts})[R(s) - d(s)]}{1 + G_{\mathrm{ctr}}(s)G_{\mathrm{p}}(s) - \mathrm{e}^{-Ts}[\mathrm{e}^{T_2 s}K_{\mathrm{rc}}K_{\mathrm{f}}(s)Q(s)G_{\mathrm{p}}(s) + 1 + G_{\mathrm{ctr}}(s)G_{\mathrm{p}}(s)]} \quad (3\text{-}15)$$

比较式(3-14)中 $1 - Q(\mathrm{j}\omega_{\mathrm{n}})\mathrm{e}^{-\mathrm{j}T\omega_{\mathrm{n}}}$ 和式(3-15)中 $1 - \mathrm{e}^{-Ts}$，可以发现改进后重复控制器的误差跟踪性能得到提升。在同等条件下，改进的重复控制器对高频段谐波的抑制效果比通用重复控制器效果好。

根据式(3-15)可以得到系统的闭环特征方程，表示为

$$M(s) - \mathrm{e}^{-Ts}N(s) = 0 \quad (3\text{-}16)$$

式中，$M(s) = 1 + G_{\mathrm{ctr}}(s)G_{\mathrm{p}}(s)$；$N(s) = \mathrm{e}^{T_2 s}K_{\mathrm{rc}}K_{\mathrm{f}}(s)Q(s)G_{\mathrm{p}}(s) + 1 + G_{\mathrm{ctr}}(s)G_{\mathrm{p}}(s)$。

由于系统中引入了重复控制器，原系统的特征方程发生了改变，稳定性也必然发生变化，有必要对其进行重新分析和设计。为了便于分析稳定性，引入重构谱，重构谱的定义[43, 44]如下：

$$R(\omega) = \left| \frac{N(\mathrm{j}\omega)}{M(\mathrm{j}\omega)} \right| \quad (3\text{-}17)$$

要使得插入式重复控制器系统稳定，需要满足以下条件[45]：首先，原闭环系统 $1 + G_{\mathrm{ctr}}(s)G_{\mathrm{p}}(s) = 0$ 所有零点在左半平面；其次，重构谱需满足式(3-18)，即

$$R(\omega) = \left| \frac{N(\mathrm{j}\omega)}{M(\mathrm{j}\omega)} \right| < 1 \quad (3\text{-}18)$$

定义系统函数 $F(s)$ 为

$$F(s) = \frac{G_{\mathrm{p}}(s)}{1 + G_{\mathrm{ctr}}(s)G_{\mathrm{p}}(s)} \quad (3\text{-}19)$$

式中，$F(s)\big|_{s = \mathrm{j}\omega} = L(\omega)\mathrm{e}^{\mathrm{j}\theta(\omega)}$。根据式(3-17)可以得到系统的重构谱函数为

$$R(\omega) = \left| \frac{N(\mathrm{j}\omega)}{M(\mathrm{j}\omega)} \right| = \left| 1 + \mathrm{e}^{T_2 s}K_{\mathrm{rc}}F(s)K_{\mathrm{f}}(s)Q(s) \right|_{s = \mathrm{j}\omega} \quad (3\text{-}20)$$

根据式(3-18)可以得到

$$\left| K_{rc} L(\omega) K_b(\omega) e^{j[\theta(\omega) + \theta_b(\omega) + T_2 \omega]} + 1 \right| < 1 \tag{3-21}$$

其中，$K_b(\omega) e^{j\theta_b(\omega)} = K_f(j\omega) Q(j\omega)$。

取 $\lambda(\omega) = \theta(\omega) + \theta_b(\omega) + T_2 \omega$，式(3-21)可以表示为

$$\left| K_{rc} L(\omega) K_b(\omega) \cos \lambda(\omega) + j K_{rc} L(\omega) K_b(\omega) \sin \lambda(\omega) + 1 \right| < 1 \tag{3-22}$$

将式(3-22)两边分别取模的平方，可以得到

$$\left[K_{rc} L(\omega) K_b(\omega) \right]^2 < -2 K_{rc} L(\omega) K_b(\omega) \cos \lambda(\omega) \tag{3-23}$$

重复控制器的增益 $K_{rc} > 0$，且 $L(\omega) > 0$，$K_b(\omega) > 0$，所以式(3-23)可以简化为

$$K_{rc} L(\omega) K_b(\omega) < -2 \cos \lambda(\omega) \tag{3-24}$$

要使式(3-24)成立，则

$$K_{rc} < \frac{2 \min |\cos \lambda(\omega)|}{\max \{ L(\omega) K_b(\omega) \}} \tag{3-25}$$

同时，由于 $L(\omega) > 0$、$K_b(\omega) > 0$，要使得式(3-25)成立，相位角 $\lambda(\omega)$ 必须满足：

$$90° < \lambda(\omega) < 270° \tag{3-26}$$

通过对参数 T_2 和相位补偿角 $\theta_b(\omega)$ 的选择，使得不等式(3-26)成立，而对于离散系统，调节参数 T_2 对应调节 N_2，选择合适的增益 K_{rc}，使得系统稳定。

由于实际系统的模型与理论模型不可能完全一致，考虑到模型的不确定性 $\Delta(s)$，其中，$\Delta(s)$ 的幅值 $|\Delta(j\omega)| \leqslant \rho$，相位角 $\arg[\Delta(j\omega)] \leqslant \gamma$。实际模型 $F_t(s)$ 与理论模型 $F(s)$ 的关系为[29]

$$F_t(s) = F(s)[1 + \Delta(s)] \tag{3-27}$$

采用不等式的形式表示为

$$L(\omega)(1 - \rho) \leqslant |L(j\omega)[1 + \Delta(j\omega)]| \leqslant L(\omega)(1 + \rho) \tag{3-28}$$

其中

$$\sqrt{1 - \rho^2} \leqslant \cos \gamma \leqslant 1 \tag{3-29}$$

根据式(3-25)、式(3-28)和式(3-29)，在实际系统中，要使得系统稳定，K_{rc} 需满足：

$$K_{rc} < \frac{2 \min |\cos \lambda(\omega)|}{\max \{ L(\omega) K_b(\omega) \}} \frac{\sqrt{1 - \rho^2}}{1 + \rho} \tag{3-30}$$

由上述推导可知，基于改进的重复控制器的系统稳定性分析及控制器参数设

计主要包括两个方面：一方面，通过相位补偿函数 $e^{T_2 s}$ 和 $K_f(s)$ 对系统函数的相位进行有效补偿，使得系统相位满足式(3-26)；另一方面，通过选择合适的 K_{rc} 使其满足式(3-30)。

3.4.3　仿真和试验验证

消除磁悬浮转子控制电流中的谐波量可以很大程度减小谐波振动，本节通过有效抑制电流中的谐波成分，实现磁悬浮转子系统中谐波振动的抑制。采用的方法是，将电流作为改进的重复控制器的输入，并将改进的重复控制器输出与反馈控制器进行叠加，如图 3.11 所示。

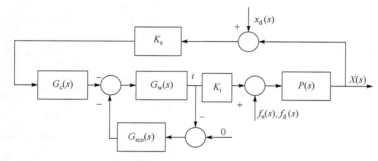

图 3.11　磁悬浮转子系统谐波电流抑制原理框图

为了便于分析系统稳定性，将图 3.11 等效为插入式重复控制器模型，如图 3.12 所示。其中，$G_{co}(s) = K_s K_i P(s) G_c(s)$，与插入式重复控制器系统中的控制器传递函数 $G_{ctr}(s)$ 等效，而 $d_\Omega(s) = G_c(s) G_w(s)[f_u(s) + f_d(s)] + K_s G_c(s) x_d(s)$ 由传感器误差信号 $x_d(s)$ 和力 $f_u(s)$ 组成，与插入式重复控制器系统中的扰动 $d(s)$ 等效。

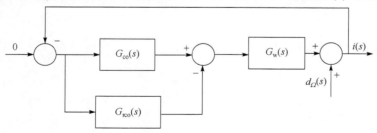

图 3.12　等效的插入式重复控制器原理框图

根据式(3-19)可以得到基于改进的重复控制器的磁悬浮转子谐波电流抑制方法的系统函数 $F(s)$ 为

$$F(s) = \frac{G_w(s)}{1 + K_s K_i P(s) G_c(s) G_w(s)} \tag{3-31}$$

1. 改进的重复控制器及参数优化设计

根据 3.4.2 节给出的改进的重复控制器的稳定性分析和参数设计原理，基于改进的重复控制器的磁悬浮转子谐波电流抑制方法的参数设计思路是：①针对磁悬浮转子系统函数 $F(s)$，通过设计线性补偿函数 $e^{T_s s}$ 和补偿环节 $K_f(s)$，使得补偿后的 $F(s)$ 相位在各频段满足式(3-26)；②在相位条件满足的基础上，选择合适的增益 K_{rc} 就能使得系统满足稳定性要求。

本章主被动磁悬浮转子系统反馈控制器 $G_c(s)$ 采用的是 PID 控制器，磁悬浮转子系统参数如表 3.1 所示。

表 3.1 磁悬浮转子系统参数

参数	数值	参数	数值
m/kg	3	K_{amp}	1.4
K_i/(N/A)	167	L_s/H	0.02
K_{ico}	5	R_t/Ω	5
K_{er}/(N/m)	440000	K_p	3.27
K_{pr}/(N/m)	580000	K_i	19
T_f	0.0001	K_d	0.0114

根据表 3.1 中磁悬浮转子系统参数，得到系统函数 $F(s)$ 的频率特性如图 3.13 所示，$\lambda(\omega)$ 相位取值范围为$(-90°, 270°)$。根据式(3-24)和式(3-25)，如果将改进的重复控制器输出与反馈控制器的输出由相减变为相加，那么式(3-26)中 $\lambda(\omega)$ 取值范围就变为$(-90°, 90°)$。对于磁悬浮转子系统，函数 $F(s)$ 在低频段相位从 270° 开始变化。如果要使得相位条件成立，必须引入两阶积分，即设计补偿函数 $K_f(s)$ 为

$$K_f(s) = \frac{1}{s^2} \tag{3-32}$$

将式(3-32)代入式(3-25)可得

$$K_{rc} < \frac{2\min|\cos\lambda(\omega)|\omega^2}{\max\{L(\omega)\}} \tag{3-33}$$

当系统频率趋于零时，可得

$$\lim_{\omega\to0}\frac{2\min|\cos\lambda(\omega)|\omega^2}{\max\{L(\omega)\}} = 0 \tag{3-34}$$

根据式(3-33)和式(3-34)得到增益 K_{rc} 必须小于零，而 K_{rc} 本身是正数，所以改进的重复控制器的输出与反馈控制器输出相加的方式是无法设计出合适的增益 K_{rc} 使系统稳定。因此，这里采用改进的重复控制器的输出与反馈控制器输入相减的方式来满足要求。

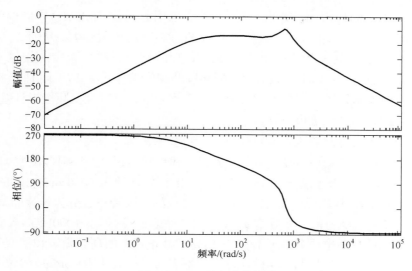

图 3.13　$F(s)$的频率特性图

1)　$F(s)$ 低频段相位补偿的设计

首先设计 $K_{\mathrm{f}}(s)$ 中的低频段补偿函数 $G_1(s)$，对 $F(s)$ 的低频段相位进行补偿。$G_1(s)$ 的设计需要既不影响 $F(s)$ 中、高频段的相位，又能对低频段相位进行有效补偿。考虑到 $G_1(s)$ 的上述特点，它的形式可以设置为

$$G_1(s) = \frac{bs+1}{s} \tag{3-35}$$

$G_1(s)$ 能够对低频段相位补偿 90°，通过调节 b 值来减少 $G_1(s)$ 对 $F(s)$ 中频段相位的影响。其中，不同 b 值对应的 $F(s)G_1(s)$ 的幅相特性如图 3.14 所示。

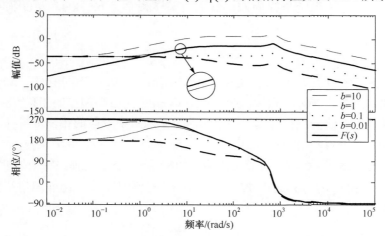

图 3.14　加入低频补偿环节后不同 b 值对应的 $F(s)G_1(s)$伯德图

从图 3.14 可以看出，如果 b 取值太小，会引起函数 $F(s)G_1(s)$ 中频段的相位滞后；同时如果 b 取值太大，会使调节后 $F(s)G_1(s)$ 的增益变大，从而 K_{rc} 的取值范围变小，影响电流谐波抑制的收敛速度，$F(s)G_1(s)$ 在低频段的相位角接近 270°。当 b 的取值为 1 时，$G_1(s)F(s)$ 低频段的相位满足式(3-26)，同时 $F(s)G_1(s)$ 的中、高频段相频特性和最大增益值没有受到影响。可以在低频段设计基础上，对中高频段相位补偿进行设计。

2) $\mathrm{e}^{T_2 s}$ 对 $F(s)$ 高频段相位的补偿

在设计中频段相位补偿之前，首先讨论线性环节 $\mathrm{e}^{T_2 s}$ 对高频段相位的补偿作用。在本章研究的磁悬浮转子系统中，转子的额定转速为 6000r/min(100Hz)，试验中发现磁轴承线圈电流以及转子位移中谐波的有效频率成分为转速的 1～6 倍(100～600Hz)。$Q(s)$ 的截止频率 ω_L 设计为 6000rad/s(约等于 1000Hz)，使得其高于谐波中的最高频率成分(600Hz)，这样高于截止频率的高频噪声和模型的不确定性能够得到有效的抑制，在设计过程中不需要考虑高于 6000rad/s 的频率段的相位补偿；同时对于 $\omega < \omega_L$ 的频率段，可以认为 $|Q(\mathrm{j}\omega)| = 1$，$\arg[Q(\mathrm{j}\omega)] = 0$，所以在对 0～6000rad/s 频率范围内的相位进行设计时，可以将 $K_f(s)Q(s)$ 近似等效为 $K_f(s)$。

从图 3.14 可以看出，当频率在 6000rad/s 左右时，$F(s)G_1(s)$ 的相移为−90°，要使得相位满足式(3-26)，通过设置 T_2 的取值来进行补偿。当满足式(3-36) $\omega = 6000\mathrm{rad/s}$ 时相位才能满足要求。

$$180° < T_2\omega\big|_{\omega=6000\mathrm{rad/s}} < 360° \tag{3-36}$$

对于实际系统来说，采用的是离散实现形式，延时 T_2 的设置采用 $T_2 = N_2 T_s$ 实现，其中，T_s 为系统采样周期。系统的采样频率为 6.67kHz，由式(3-36)可以求得

$$3.49 < N_2 < 6.98 \tag{3-37}$$

从式(3-37)得出，N_2 的取值可以是 4、5 或者 6。当 N_2 取不同值时，$F(s)G_1(s)\mathrm{e}^{T_2 s}$ 相频特性如图 3.15 所示。可以看出，在 6000rad/s 左右高频段的相移得到了改善，但是中频段的相位仍然没有满足要求，所以必须对中频段的相位进行补偿。

3) $F(s)$ 中频段相位补偿的设计

根据图 3.15 所示修正后 $F(s)G_1(s)\mathrm{e}^{T_2 s}$ 的相频特性图，为使系统中频段相位满足式(3-26)，需要在 $F(s)G_1(s)\mathrm{e}^{T_2 s}$ 加入超前相位补偿函数。一般超前相位补偿函数的设计形式为

$$H(s) = \frac{aRs + 1}{Rs + 1} \tag{3-38}$$

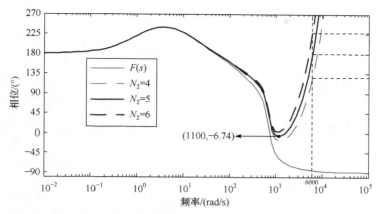

图 3.15　N_2 取不同值时对应的 $F(s)G_1(s)\mathrm{e}^{T_2 s}$ 相频特性图

式中，$H(s)$ 的幅频表达式为 $h(\omega)\mathrm{e}^{\mathrm{j}g(\omega)}$。$H(s)$ 的特点是提供正的相移，相位超前主要发生在频段 $1/(aR)\sim 1/R$，超前角的最大值为 $\varphi_m = \arcsin[(a-1)/(a+1)]$，对应的角频率为 $\omega_m = 1/(R\sqrt{a})$，幅值增益的最大值为 $20\lg a$。由图 3.15 可以看出，以 $N_2 = 5$ 为例，相位滞后最大值为 $-6.74°$。根据式(3-26)，对该点的相位补偿不能小于 $96.74°$。由于 $H(s)$ 最大相位补偿无法超过 $90°$，所以本章采用两个相位超前环节串联对 $F(s)$ 相位进行补偿，高频补偿函数 $G_2(s)$ 设计为

$$G_2(s) = \left(\frac{aRs+1}{Rs+1}\right)^2 \tag{3-39}$$

式中，$G_2(s)$ 是补偿函数 $K_f(s)$ 的另一部分，其幅频特性为 $h^2(\omega)\mathrm{e}^{\mathrm{j}2\phi(\omega)}$，此时对应的最大补偿相位依然发生在角频率 $\omega_m = 1/(R\sqrt{a})$ 处，没有改变，最大补偿相角为 $\varphi_G = 2\varphi_m = 2\arcsin[(a-1)/(a+1)]$。

根据式(3-26)的相位设计要求，补偿后 $F(s)$ 最低相位要大于 $90°$，从图 3.15 中可以得到相位在 $90°$ 以下的频段为 $557\sim 4000\mathrm{rad/s}$。根据 $\dfrac{aRs+1}{Rs+1}$ 的补偿特点，要使得相位补偿作用发生在 $557\sim 4000\mathrm{rad/s}$ 范围内，需要满足：

$$\frac{1}{aR} < 557, \quad \frac{1}{R} > 4000 \tag{3-40}$$

考虑到设计要保证一定的裕度，所以取 $1/R = 4200$，同时保证最大相位校正发生在 $1100\mathrm{rad/s}$ 处，取 $1/(aR) = 300$，计算求得

$$a = 14, \quad R = 0.000238 \tag{3-41}$$

在 $\omega_m = 1/(R\sqrt{a}) = 1122\ \mathrm{rad/s}$ 处的相位超前为式(3-42)，保证了对相位的补偿

要求

$$\varphi_{\mathrm{G}} = 2\varphi_{\mathrm{m}} = 2\arcsin\frac{a-1}{a+1} = 136.42° > 96.74° \tag{3-42}$$

4) 相位补偿总结

综上所述，相位补偿分为三个环节，分别是针对低、中和高三个频段的相位进行补偿，补偿函数分别为线性补偿环节 $e^{T_2 s}$ 和补偿函数 $K_{\mathrm{f}}(s)$，$N_2 = 5$。最终相位补偿环节 $K_{\mathrm{f}}(s)$ 的设计结果为

$$K_{\mathrm{f}}(s) = G_1(s)G_2(s) = \frac{s+1}{s}\left(\frac{0.00333s+1}{0.000238s+1}\right)^2 \tag{3-43}$$

图 3.16 为补偿前后 $F(s)$ 系统相频特性图，可以看出，校正后的相位 $\lambda(\omega)$ 在频率 0～6000rad/s 范围内取值为 113.13°～241.49°，满足式(3-26)的要求，其中

$$\min\left|\cos\lambda(\omega)\right| = 0.3928 \tag{3-44}$$

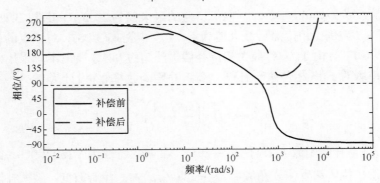

图 3.16　补偿前后 $F(s)$ 系统相频特性图

补偿后 $F(s)$ 幅频特性如图 3.17 所示，有 $\max\{F(\omega)K_{\mathrm{f}}(\omega)\} = 2.155$。根据式(3-30)求得

$$K_{\mathrm{rc}} < 0.362\frac{\sqrt{1-\rho^2}}{1+\rho} \tag{3-45}$$

理论上，$\rho = 0$ 时，对于 $K_{\mathrm{rc}} < 0.36$ 的值，系统都是稳定的。但是，实际系统与理论系统存在一定的误差，对系统函数 $F(s)$ 做 20%的不确定性估计，即取 $\rho = 0.2$，那么当 $K_{\mathrm{rc}} < 0.3$ 时，加入了谐波电流抑制的系统是稳定的。

2. 仿真分析及试验验证

在设计的补偿函数 $K_{\mathrm{f}}(s) = G_1(s)G_2(s)$ 中，$G_1(s)G_2(s)$ 既能影响补偿后系统的增益，又能影响系统的相位，在仿真和试验过程中难以对两者参数的变化进行分

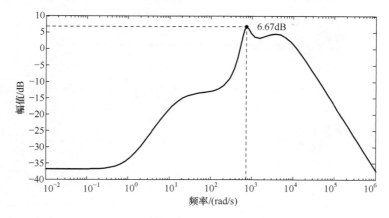

图 3.17　补偿后 $F(s)$ 的幅频特性图

析权衡。由于 K_{rc} 和 N_2 分别调节增益和相位，所以这两个参数具有代表性。在仿真和试验中，通过调节 K_{rc} 和 N_2，研究其对谐波电流抑制响应速度和最终抑制效果的影响。

　　本章采用 MATLAB 中的 Simulink 工具进行仿真，以转子转速 6000r/min 为例进行分析，分别对 $N_2 = 5, 6$ 时，取不同的 K_{rc} 值进行谐波电流抑制仿真分析，如图 3.18 所示。从图 3.8(a)和(b)可以看出，随着 K_{rc} 的增大，响应时间变短，同时随着 N_2 的增大，抑制效果得到改善。因此，K_{rc} 与响应时间有关，N_2 与系统抑制效果有关。

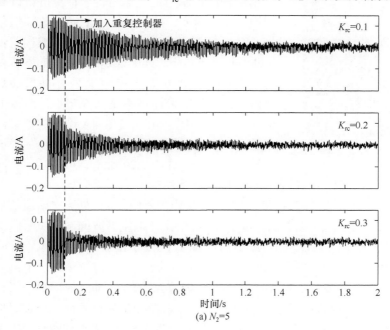

(a) $N_2 = 5$

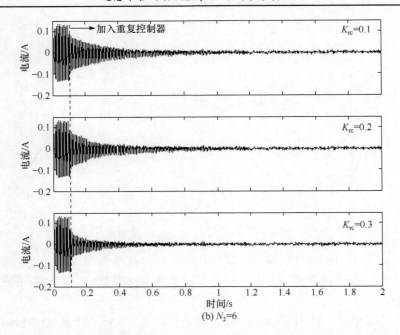

图 3.18　加入重复控制器后 K_{rc}、N_2 取不同值时电流信号的响应仿真图

图 3.19　试验平台

为了验证上述改进的重复控制器设计的有效性，采用磁悬浮控制力矩陀螺的转子系统进行试验验证。如图 3.19 所示，控制系统采用的是数字信号处理器 (digital signal processor, DSP)+现场可编程逻辑门阵列 (field programmable gate array, FPGA)的方式，重复控制算法通过 DSP 实现，其中 DSP 采用 TMS320C6701 数字信号处理器，采样频率是 6.67kHz。将转子升速到 6000r/min，利用 Agilent 54624A 型示波器采样主被动磁悬浮两平动通道 x 和 y 的电流。只在 x 通道加入重复控制器算法，如图 3.20 所示，可以看出 x 通道电流减小，验证了上述方法的有效性，同时 y 通道的电流不受影响。

取 N_2=5, 6 时，分别对 K_{rc}=0.1, 0.2, 0.3 进行了试验，电流中谐波信号抑制效果如图 3.21 所示。可以看出，随着 K_{rc} 的增大，电流谐波抑制响应时间变短。比较图 3.21(a)和(b)，可以看出 N_2=6 时的抑制效果要比 N_2=5 时明显。当 N_2=5 时，电流有效值由 0.135A 减小到 0.070A，减小了 48.1%；当 N_2=6 时，电流有效值由 0.135A 减小到 0.025A，减小了 81.5%，随着 N_2 增大，抑制效果提升明显。为了验证本章设计的改进的重复控制器对于电流谐波抑制的有效性，分别对抑制前后电流的频谱进行分析。当 N_2=6 时，利用示波器的 Math 功能分别对加入重复控制器前后的电流信号进行快速傅里叶变换，对比分析加入重复控制器前后的频谱，如图 3.22 所示。加入重复控制器后，基频下降比较明显，幅值下降了 96.0%(−22dB 到−50dB)[*]，三倍频下降了 95.5%(−31dB 到−58dB)，六倍频下降了 82.2%(−38dB 到−53dB)，电流谐波得到了有效抑制。

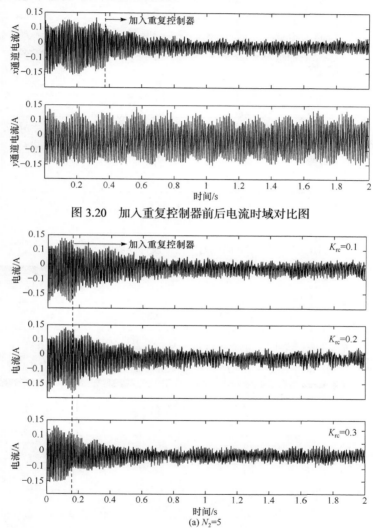

图 3.20　加入重复控制器前后电流时域对比图

(a) $N_2=5$

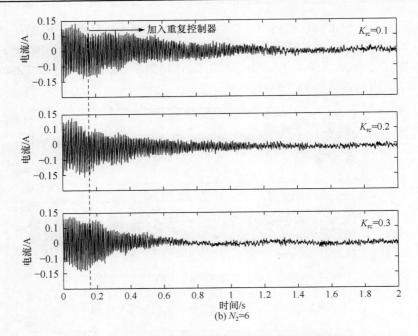

(b) $N_2=6$

图 3.21　K_{rc} 取不同值时电流谐波抑制响应试验结果

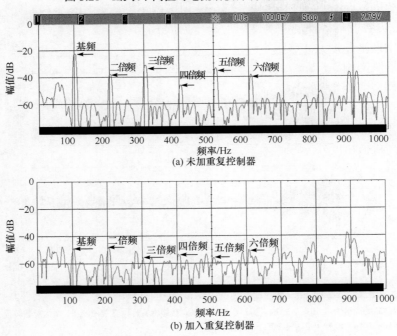

图 3.22　$N_2=6$ 时加入重复控制器前后电流频谱对比图

3.5　本章小结

本章围绕基于磁悬浮惯性执行机构的天基平台高稳定度姿态控制和成像载荷的高性能工作对平台微振动的需求，分析了磁悬浮转子质量不平衡和传感器误差产生谐波振动的机理，建立了转子动力学模型；给出了一种改进的重复控制器的设计方法，通过对磁悬浮转子系统磁轴承线圈中谐波电流的抑制，减小了谐波振动；将电流作为改进的重复控制器的输入，并将改进的重复控制器输出反馈至原系统，可以消除电流中存在的谐波成分，从而抑制振动；系统稳定性分析、参数的设计、仿真和试验等方面的研究，为天基平台运动成像质量的提高奠定了基础。

参 考 文 献

[1] 张振华, 杨雷, 庞世伟. 高精度航天器微振动力学环境分析[J]. 航天器环境工程, 2009, 26(6): 528-534.

[2] 魏彤, 向岷. 磁悬浮高速转子基于位移刚度力超前前馈补偿的高精度自动平衡方法[J]. 机械工程学报, 2012, 48(16): 184-191.

[3] Herzog R, Bühler P, Gähler C, et al. Unbalance compensation using generalized notch filters in the multivariable feedback of magnetic bearings[J]. IEEE Transactions on Control Systems Technology, 1996, 45(5): 580-586.

[4] Shi J, Zmood R, Qin L J. The direct method for adaptive feed-forward vibration control of magnetic bearing systems[C]. International Conference on Control, Automation, Robotics and Vision, 2002: 675-680.

[5] Shi J. Indirect method for adaptive feed-forward vibration control of magnetic bearing systems[C]. The 7th International Conference on Control Automation, 2002: 223-228.

[6] Na H S, Park Y. An adaptive feedforward controller for rejection of periodic disturbances[J]. Journal of Sound &Vibration, 1997, 201(4): 427-435.

[7] Bi C, Wu D, Jiang Q, et al. Automatic learning control for unbalance compensation in active magnetic bearings[J]. IEEE Transactions on Magnetics, 2005, 41(7): 2270-2280.

[8] Chiacchiarini H G, Mandolesi P S. Unbalance compensation for active magnetic bearings using ILC[C]. IEEE Proceedings of the International Conference on Control Applications, 2001: 58-63.

[9] 韩邦成, 房建成, 郭家富. 不平衡质量对磁悬浮 CMG 转子运动特性的影响分析及实验[J]. 宇航学报, 2008, 29(2): 201-205.

[10] 刘强, 房建成, 韩邦成. 磁悬浮反作用飞轮磁轴承动反力分析及实验[J]. 北京航空航天大学学报, 2010, 36(7): 821-825.

[11] 樊亚洪. 空间用磁悬浮飞轮磁轴承系统高稳定度高精度控制方法与实验研究[D]. 北京: 北京航空航天大学, 2011.

[12] 刘彬, 房建成, 刘刚. 基于 TMS320C6713B+FPGA 数字控制器实现磁悬浮飞轮主动振动控制[J]. 光学精密工程, 2009, 17(1): 151-157.

[13] 刘彬, 房建成, 刘刚. 磁悬浮飞轮不平衡振动控制方法与实验研究[J]. 机械工程学报, 2010, 46(12): 188-194.

[14] Fang J, Xu X, Tang J, et al. Adaptive complete suppression of imbalance vibration in AMB systems using gain phase modifier[J]. Journal of Sound & Vibration, 2013, 332(24): 6203-6215.

[15] Inayat-Hussain J I. Geometric coupling effects on the bifurcations of a flexible rotor response in active magnetic bearings[J]. Chaos Solitons & Fractals, 2009, 41(5): 2664-2671.

[16] Kim C S, Lee C W. In situ runout identification in active magnetic bearing system by extended influence coefficient method[J]. IEEE/ASME Transactions on Mechatronics, 1997, 2(1): 51-57.

[17] Setiawan J D, Mukherjee R, Maslen E H, et al. Adaptive compensation of sensor runout and mass unbalance in magnetic bearing systems[C]. IEEE/ASME International Conference on Advanced Intelligent Mechatronics, 1999: 800-805.

[18] Setiawan J D, Mukherjee R, Maslen E H. Synchronous disturbance compensation in active magnetic bearings using bias current excitation[C]. IEEE/ASME International Conference on Advanced Intelligent Mechatronics, 2001, 2: 707-712.

[19] Setiawan J D, Mukherjee R, Maslen E H. Adaptive compensation of sensor runout for magnetic bearings with uncertain parameters: Theory and experiments[J]. Journal of Dynamic Systems Measurement & Control, 2001, 123(2): 211-218.

[20] Setiawan J D, Mukherjee R, Maslen E H. Synchronous sensor runout and unbalance compensation in active magnetic bearings using bias current excitation[J]. Journal of Dynamic Systems Measurement & Control, 2002, 124(1): 14-24.

[21] Nonami K, Liu Z H. Adaptive unbalance vibration control of magnetic bearing system using frequency estimation for multiple periodic disturbances with noise[C]. IEEE International Conference on Control Applications, 1999, 1: 576-581.

[22] Liu Z H, Nonami K, Ariga Y. Adaptive unbalanced vibration control of magnetic bearing systems with rotational synchronizing and asynchronizing harmonic disturbance[J]. JSME International Journal, Series C, 2002, 45(1): 142-148.

[23] Sahinkaya M, Cole M, Burrows C. On the use of schroeder phased harmonic sequences in multi-frequency vibration control of flexible rotor/magnetic bearing systems[C]. Proceedings of the 8th International Symposium on Magnetic Bearings, 2002: 217-222.

[24] Cole M, Keogh P, Burrows C. Robust control of multiple discrete frequency vibration components in rotor magnetic bearing systems[C]. JSME International Journal, Series C, 2003: 891-899.

[25] Hong S K, Langari R. Robust fuzzy control of a magnetic bearing system subject to harmonic disturbances[J]. IEEE Transactions on Control Systems Technology, 2000, 8(2): 366-371.

[26] Jiang K, Zhu C. Multi-frequency periodic vibration suppressing in active magnetic bearing-rotor systems via response matching in frequency domain[J]. Mechanical Systems & Signal Processing, 2011, 25(4): 1417-1429.

[27] Sacks A H, Bodson M, Messner W. Advanced methods for repeatable runout compensation[J]. IEEE Transactions on Magnetics, 1995, 31(2): 1031-1036.

[28] Wu X H, Panda S K, Xu J X. Design of a plug-in repetitive control scheme for eliminating supply-side current harmonics of three-phase PWM boost rectifiers under generalized supply voltage conditions[J]. IEEE Transactions on Power Electronics, 2010, 25(7): 1800-1810.

[29] Zhang B, Wang D W, Zhou K L, et al. Linear phase lead compensation repetitive control of a CVCF PWM inverter[J]. IEEE Transactions on Industrial Electronics, 2008, 55(4): 1595-1602.

[30] Schuhmann T, Hofmann W, Werner R. Improving operational performance of active magnetic bearings using Kalman filter and state feedback control[J]. IEEE Transactions on Industrial Electronics, 2011, 59(2): 821-829.

[31] Xu X B, Fang J C, Liu G, et al. Model development and harmonic current reduction in active magnetic bearing systems with rotor imbalance and sensor runout[J]. Journal of Vibration & Control, 2015, 21(13): 2520-2535.

[32] Chen D, Zhang J M, Qian Z M. An improved repetitive control scheme for grid-connected inverter with frequency-adaptive capability[J]. IEEE Transactions on Industrial Electronics, 2012, 60(2): 814-823.

[33] Chen D, Zhang J M, Qian Z M. Research on fast transient and $6n \pm 1$ harmonics suppressing repetitive control scheme for three-phase grid-connected inverters[J]. IET Power Electronics, 2013, 6(3): 601-610.

[34] 韩邦成, 刘洋, 郑世强. 重复控制在磁悬浮高速转子振动抑制中的应用[J]. 振动、测试与诊断, 2015, (3): 486-492.

[35] Xu X B, Chen S, Liu J S. Elimination of harmonic force and torque in active magnetic bearing systems with repetitive control and notch filters[J]. Sensors, 2017, 17(4): 763.

[36] Cui P L, Li S, Zhao G Z, et al. Suppression of harmonic current in active-passive magnetically suspended CMG using improved repetitive controller[J]. IEEE/ASME Transactions on Mechatronics, 2016, 21(4): 2132-2141.

[37] Schweitzer G, Traxler A, Bleuler H. 磁悬浮轴承——理论、设计及旋转机械应用[M]. 徐旸, 张钊, 赵雷, 译. 北京: 机械工业出版社, 2009: 7-81.

[38] Cui P L, Cui J. Harmonic current suppression of active-passive magnetically suspended control moment gyro based on variable-step-size FBLMS[J]. Journal of Vibration & Control, 2015, 100(9): 23-24.

[39] Francis B A, Wonham W M. The internal model principle of control theory[J]. Automatica, 1976, 12: 457-465.

[40] Inoue T, Nakano M, Iwai S. High accuracy control of servomechanism for repeated contouring[C]. Proceedings of the 10th Annual Symposium on Incremental Motion, Control System and Devices, 1981: 285-292.

[41] Hara S, Yamamoto Y. Stability of repetitive control systems[C]. IEEE Conference on Decision and Control, 1985: 326-327.

[42] Zhou K L, Wang D W. Periodic errors elimination in CVCF PWM DC/AC converter systems: Repetitive control approach[J]. Control Theory and Applications, 2001, 147(6): 694-700.

[43] Tsai M C, Yao W S. Design of a plug-in type repetitive controller for periodic inputs[J]. IEEE

Transactions on Control Systems Technology, 2002, 10(4): 547-555.

[44] Srinivasan K, Shaw F R. Analysis and design of repetitive control systems using the regeneration spectrum[C]. American Control Conference, 1990: 1150-1155.

[45] Zhou K L, Wang D W. Digital repetitive controlled three-phase PWM rectifier[J]. IEEE Transactions on Power Electronics, 2003, 18(1): 309-316.

第 4 章　天基平台运动对星载 TDICCD
遥感成像系统的影响

4.1　引　　言

　　遥感是一种在不直接接触的情况下对目标或自然现象远距离探测和感知的技术。空间光学遥感技术是遥感技术的重要分支，在对地观测任务中扮演着十分重要的角色，广泛应用于国防军事、地理测绘、资源监测、防灾救灾等领域，可以带来巨大的军事和经济效益，对国计民生有巨大的促进作用。

　　空间光学遥感相机经历了从胶片式到数字式、从低分辨率到高分辨率不断发展的历程，所采用感光单元也由胶片到普通 CCD 再到时间延迟积分电荷耦合器件(time delay and integration charge-coupled device，TDICCD)方向发展。TDICCD采用时间延迟积分(time delay and integration，TDI)技术，通过多级积分累加来延长曝光时间，使得航空相机在分辨能力、信噪比、重量、体积方面有不同程度的改善，因此被普遍应用于高分辨遥感相机。然而，TDICCD 正常工作的基本前提是光生电荷包的转移与焦面上图像的运动保持同步，任何匹配误差都会导致像移，引起成像质量下降。

　　空间遥感相机需要高精度稳定的平台支撑，然而随着遥感技术对成像精度要求的不断提高，成像系统的焦距和口径不断增大，再加上普遍采用 TDICCD 作为焦平面接收器件，卫星平台运动对成像质量的影响越显突出。卫星在高空飞行的过程中，由于卫星平台的运动，在一定的积分时间内，地面目标的像与探测器之间存在相对运动，称为像移。文献[1]指出任何推扫式的空间相机都会存在因为像移造成的图像模糊，通常，对于地面采样距离(ground sample distance，GSD)大于10m 的遥感系统，系统本身造成的像移不足以引起比较明显的图像模糊；但是当GSD 小于 3m 时，像移对成像质量造成的影响就比较明显了，甚至使图像产生明显模糊和几何变形，从而可能达不到预期的成像效果。

　　近年来，国内外有一系列高分辨率遥感相机入轨，分辨率不断提高，商业遥感分辨率已经实现了优于 0.31m。以高分辨率遥感卫星为代表的高精度系统由于本身的性能指标要求高，对平台的各种微小扰动十分敏感，需要充分考虑平台振动对成像质量的影响。

本章就平台运动对星载 TDICCD 成像系统的成像质量影响这一问题,结合理论研究和仿真试验展开分析,主要研究内容包括:

(1) 梳理影响成像质量的平台运动源,分析平台运动引起的像移类型,研究像移对成像质量的影响原理与模型。

(2) 针对 TDICCD 成像系统的特殊工作原理,建立空间变化的动态成像降质模型,定量化评价不同形式像移对 TDICCD 成像系统成像质量的影响。

(3) 建立 TDICCD 成像系统动态成像仿真模型,开展仿真分析,定量化评价平台运动对成像质量的影响。

4.2　天基平台运动对光学成像影响原理

4.2.1　天基平台运动源分析

卫星在空间环境中运行,由于空间的微重力环境,卫星处于自由状态,所以轻微的外力或卫星与有效载荷之间的相互作用力,都能引起卫星的姿态变化和振动。由于高分辨率遥感卫星上一般都存在一些功能上必要的运动部件,如反作用轮、反作用喷气装置、天线或太阳电池阵列展开和驱动机构等。卫星在轨运行过程中,这些运动部件的正常工作都会不同程度地引起卫星的振动。

当卫星在轨稳定运行时,虽然这些扰动幅值较小,但足以引起高分辨率光学遥感器成像质量的降低。卫星的扰动源包括低频扰动源和高频颤振扰动源。低频扰动源包括控制环率误差、未补偿的惯性测量单元偏差、柔性部件的运动、推进剂振荡等;高频颤振扰动源包括反作用轮的不平衡、低温制冷器振动、框架驱动等,最大的颤振扰动源是反作用轮的不平衡[1]。此外,卫星受非球形的地球引力、大气阻力、日月等天体引力、太阳辐射压力和地球潮汐力等摄动力的影响,运行轨道会偏离理想的轨道。虽然摄动加速度比地球引力加速度要小很多,但是在长时间的作用下,轨道将会产生很大的变化。摄动力导致轨道的高度和倾角等长周期的变化[2]。

美国国家航空航天局(National Aeronautics and Space Administration, NASA)测试了 LANDSAT-4 卫星上的振动功率谱密度,测试结果表明,卫星两个主要振动源是太阳能帆板和反作用轮。前者产生频率为 1Hz、幅值为 100μrad 的振动;后者产生频率为 100Hz、幅值为 4μrad 和频率为 200Hz、幅值为 0.6μrad 的振动[3]。

欧洲航天局(European Space Agency, ESA)发射了 OLYMPUS 通信卫星,用三个彼此正交的微加速计测量卫星的振动情况,测量结果表明,卫星的振动频谱集中在 200Hz 以下。ESA 采用如下模型作为平台振动功率谱密度函数[4]:

$$S(f) = \frac{160}{1+f^2} \qquad (4\text{-}1)$$

式中，f 为振动频率。

日本宇宙开发事业集团(National Space Development Agency, NASDA，于 2003 年 10 月 1 日与日本航空宇宙技术研究所(NAL)合并为宇宙航空研究开发机构(JAXA))利用试验卫星 ETS-Ⅵ进行了卫星振动测量试验，ETS-Ⅵ卫星是三轴稳定卫星，太阳能帆板展开长 30m。在采样率分别为 500Hz、100Hz、1Hz 时，测量角偏差和姿态稳定度。测试数据通过星地光通信链路传输到地面接收站，然后对振动数据进行傅里叶变换得到振动功率谱密度。1Hz 采样率下振动测试时间较长，俯仰方向上的振动幅值最大可以达到 200μrad，振动周期为几分钟，这是由于俯仰方向与太阳能帆板旋转方向相同，振动干扰比较强。在 100Hz 采样频率下测得滚转和俯仰方向的姿态稳定度分别为 0.253μrad/s 和−4.98μrad/s。在 500Hz 采样率下可以观察到振动具有一定的周期性，周期小，振动幅值小。测量的功率谱密度分析结果表明：卫星平台角振动在 0.39～250Hz 范围内的振动幅值径向均方根为 16.3μrad，其中 83.6%的振动能量集中在 0.39～10Hz，99%以上的能量在 10^2Hz 以下[5]。

日本测量并分析了 OICETS 卫星上的微振，根据测量结果估计出当光学天线分别工作在跟踪和定向状态时的最大角振动幅值均方根分别为 23.8μrad 和 43.8μrad，频率范围为 1～1024Hz，其中大部分振动能量集中在 1～10Hz。振动频谱峰值依赖于卫星系统的材料和结构[6]。

根据文献[7]中给出的一些航天器的振动功率谱测试结果可以看出，振动频率范围很大，从 10^{-2}Hz 延伸到 1000Hz 以上，卫星振动的大体趋势是在低频区幅值较大，在高频区幅值较小，且不同卫星的振动频谱是不一样的，这与卫星的质量分布等有关。

4.2.2　天基平台运动引起的像移

由于天基平台运动的存在，在一定积分时间内，被摄目标景物与探测器之间存在相对运动，即相对的影像运动。平台的姿态振动传递到像面上引起像的振动，即振动像移。像移是时间的函数，是平台姿态振动等在像面上的映射。像的振动分为线性振动、随机振动、高频振动及低频振动。高频振动是指振动周期小于积分时间的振动，低频振动是指振动周期大于积分时间的振动[8]。不同振动形式的像移示意图如图 4.1 所示。

按照平台角振动与像移的简化关系 $x(t) \approx f\theta(t)$(其中 f 为焦距)，又根据 4.2.1 节中 NASA 测试的 LANDSAT-4 卫星上的振动功率谱密度结果可知，太阳能帆板产生了频率为 1Hz、幅值为 100μrad 的振动；反作用轮产生了频率为 100Hz、幅

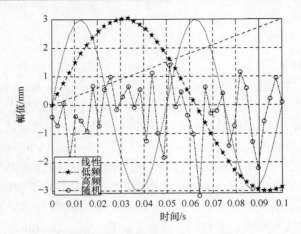

图 4.1　不同振动形式的像移示意图

值为 4μrad 和频率为 200Hz、幅值为 0.6μrad 的振动。选定 7μm 像元尺寸探测器，在 600km 得到不同分辨率下的像移幅值如表 4.1 所示。

表 4.1　不同分辨率下的像移幅值

分辨率/m	焦距/m	像移幅值：像素
0.3	14	1Hz：200 100Hz：8 200Hz：1.2
0.5	8.4	1Hz：120 100Hz：4.8 200Hz：0.72
1	4.2	1Hz：60 100Hz：2.4 200Hz：0.36
2	2.1	1Hz：30 100Hz：1.2 200Hz：0.18
5	0.84	1Hz：12 100Hz：0.48 200Hz：0.072

由表 4.1 可见，分辨率越高，引起的像移越大，对成像质量的影响就越大。

4.2.3　像移引起的光学成像降质原理

天基平台运动引起成像质量下降的主要原因是产生了像移，像移的存在导致成像质量退化。对于一个光学成像系统，物面上的一点经过光学系统，由于衍射等因素形成具有一定宽度的弥散斑。弥散斑的中心位置由几何成像关系决定，弥散斑归一化能量分布即光学系统的扩散函数。当存在像移时，像点的位置发生变化，扩散函数的中心位置改变。在积分时间内，扩散函数由不同时刻扩散函数的叠加再归一化得到。因此，当存在像移时，弥散斑宽度会变大，峰值能量降低，即导致成像模糊；此外，当存在不规则像移时，弥散斑的位置可能改变，从而导致图像的几何变形[9,10]，如图 4.2 所示。

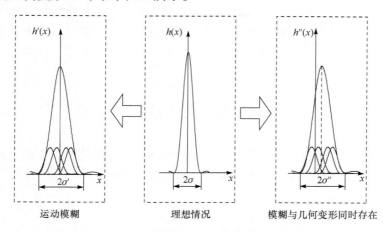

图 4.2　运动模糊与几何变形机理示意图

以一维情况为例，用数学形式表征如下。设无像移成像时的线扩散函数为 $h(x)$，若存在像移，则相当于线扩散函数 $h(x)$ 移动，设像移为 $\varepsilon(t)$，则在时刻 t 的能量分布为

$$g(x,t) = h(x) * \delta\big(x - \varepsilon(t)\big) \tag{4-2}$$

式中，$\delta(x)$ 为狄拉克函数；$*$ 为卷积符号。

在积分时间内进行能量分布的归一化，即得到像移影响后的系统线扩散函数 (linear spread function, LSF) 为

$$
\begin{aligned}
\mathrm{LSF}(x) &= \frac{1}{t_e} \int_{t_0}^{t_0 + t_e} g(x,t)\,\mathrm{d}t \\
&= h(x) * \frac{1}{t_e} \int_{t_0}^{t_0 + t_e} \delta\big(x - \varepsilon(t)\big)\,\mathrm{d}t
\end{aligned}
\tag{4-3}
$$

式中，t_0 为初始曝光时刻；t_e 为曝光时间。

对于理想光学系统，点物成点像，则线扩散函数为 $\delta(x)$。由于振动的存在，各时刻成的像在像面上运动，设像移为 $\varepsilon(t)$，则每一时刻的线扩散函数为 $\delta(x-\varepsilon(t))$。线扩散函数为归一化的能量分布，即

$$\mathrm{LSF_{vib}}(x) = \frac{1}{t_\mathrm{e}} \int_{t_0}^{t_0+t_\mathrm{e}} \delta(x - \varepsilon(t)) \mathrm{d}t \tag{4-4}$$

$\mathrm{LSF_{vib}}(x)$ 为由于像移单独引起的线扩散函数。由式(4-3)得到，系统的线扩散函数为像移单独引起的线扩散函数与其他因素引起的线扩散函数的卷积，即

$$\mathrm{LSF}(x) = h(x) * \mathrm{LSF_{vib}}(x) \tag{4-5}$$

根据卷积理论，卷积的宽度等于两个被卷积函数的宽度之和，由于像移引起的扩散函数具有一定宽度，与 $h(x)$ 卷积之后使得 x 方向上宽度增大，即对应着弥散斑变宽，引起图像的模糊。如果像移扩散函数的中心位置与 $h(x)$ 不重合或者不对称($h(x)$通常是对称函数)，则系统线扩散函数的位置发生改变，即对应着图像出现几何变形。

4.3　像移对成像质量影响建模

像移影响下的成像为动态成像，针对动态成像的成像质量，主要是采用动态光学传递函数(optical transfer function，OTF)作为评价手段。光学系统传递函数 OTF 为复数，可以写为

$$\mathrm{OTF} = \mathrm{MTF} \times \exp(-j\mathrm{PTF}) \tag{4-6}$$

式中，MTF(modulation transfer function)代表光学传递函数的模量，即调制传递函数，反映在不同空间频率下对目标对比度的传输能力，主要影响图像的清晰度；PTF(phase transfer function)代表光学传递函数辐角，即相位传递函数，反映的是成像的不对称性。

Trott[11]在 1960 年给出了线性运动和高频正弦振动下的动态传递函数解析表达式。Som[12]采用将运动图像展开成泰勒级数的方法得出像移函数与其相关的传递函数之间的关系，并对匀速和匀加速运动两种情况进行了分析，提出了相应的 OTF 模型。Shack[13]提出像移的等效扩散函数的概念，讨论了二维情形下不同像移形式的点扩散函数及传递函数。Lohmann 和 Paris[14]比较了光轴方向上的振动与横向振动对成像质量的影响，指出振幅为 A 的横向振动与振幅为 $2A/\mathrm{NA}$ 的纵向振动产生的成像质量退化一致，其中 NA(numerical aperture)为镜头的数值孔径。1978年，Mahajan[15]对高斯运动引起的图像退化进行了详细分析，提出了动态成像下的点扩散函数(point spread function, PSF)，即像移函数的概率密度函数的思想，他给出了高斯运动下的点扩散函数、斯特列尔比(Strehl ratio)和包围能量(encircled energy)。

对于图像中所有点同时成像的情况,像移引起的成像质量退化是空间不变的,针对空间不变动态降质已有多种方法，如 4.3.1 节所述。

4.3.1　空间不变动态降质建模方法分析

1) 基于频域分析方法

调制传递函数反映了光学系统传递各种频率正弦信号调制度的能力，基于频域分析方法基于其原始定义，根据目标通过光学系统成像后调制度的变化推导动态传递函数[16]，具体过程如图 4.3 所示。

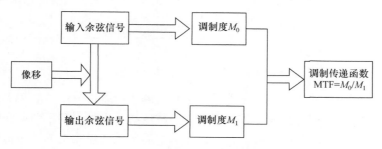

图 4.3　基于频域分析方法流程

由于 MTF 是空间频率的函数，该方法一次计算仅能得到一个频率的结果。

2) 基于空域分析方法

基于空域分析方法是基于扩散函数等价于积分时间内像移函数的概率密度函数(连续)或直方图(离散采样)这一思路，进而对扩散函数进行傅里叶变换，得到动态光学传递函数。对这一思路的直观解释是，根据光学系统的线性特性，当系统的脉冲响应运动时，也就是由于物点与像面间的运动，导致物点在像面上成一系列像。在像平面上的某一点，可能同时存在物点的几次成像，所成像点的数目取决于运动经过该点的次数，这些像的光强度在像平面上叠加。由此可见，运动在某一点 $x(t)$ 发生概率越大，也就是物点在该点的成像次数越多，所叠加的光强度越大，因此 $x(t)$ 的概率密度函数或直方图就反映了像面上的光强分布。故可以认为，积分时间内像移函数 $x(t)$ 的概率密度等价于扩散函数[17, 18]。

如果已知时间的分布函数 $F_t(t)$ 和概率密度函数 $f_t(t)$，像移是时间的函数，即 $x = x(t)$，故像移的分布函数 $F_x(x) = F_t(t)$，对 $F_x(x) = F_t(t)$ 两边同时求导，得 $f_x(x)x'(t) = f_t(t)$，故有

$$f_x(x) = \frac{1}{x'(t)} f_t(t) \tag{4-7}$$

式中，$x'(t)$ 和 $f_x(x)$ 分别是 $x(t)$ 的导数和概率密度函数。

由于概率密度函数 $f_x(x)$ 代表着线扩散函数(LSF)，所以动态光学传递函数为

$$\text{OTF}(f) \int_{-\infty}^{\infty} f_x(x) \exp(-\text{j}2\pi f x) \text{d}x \tag{4-8}$$

式中，f 为空间频率。

图 4.4 以线性像移为例给出了基于空域分析方法的思路。图中 $PDF(x)$ 为像移 x 的概率密度函数(probability density function)。

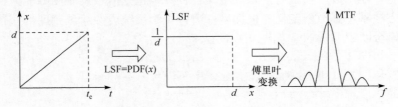

图 4.4　基于空域分析方法的思路

针对前面两种方法，Hardar 等提出了数值解法和解析解法，对于无法用数学表达式表达的或者积分比较困难的情形，用数值解法也能得到不同空间频率下的传递函数。数值解法弥补了解析解法只能求解简单运动形式下的动态传递函数的不足，而且数值解法也可求解出由两个不同频率的余弦振动叠加下的动态传递函数[16]及指数衰减振动下的动态传递函数[19]。

3) 基于统计矩分析方法

基于统计矩分析方法也是基于线扩散函数为积分时间内像移的概率密度函数(连续)或直方图(离散采样)这一思路。所不同的是对动态传递函数进一步进行泰勒级数展开，最后得到由运动函数统计矩来直接求解动态传递函数的方法。这种方法对任意形式的像移都能得到动态传递函数的解析表达式[20,21]，具体如下。

OTF 由 LSF 的傅里叶变换得

$$OTF(f) = F\left[LSF(x)\right] = \int_{-\infty}^{\infty} LSF(x)\exp(-j2\pi fx)dx \tag{4-9}$$

式中，f 是空间频率；$F(\cdot)$ 是傅里叶变换算子。

因为 LSF 是完全可积的而且在有限间隔(x 的最大值和最小值之间)是非零的，故 OTF 是解析的，从而可以展开成泰勒级数的形式：

$$OTF(f) = \sum_{n=0}^{\infty} \frac{1}{n!} \left. \frac{\partial^n OTF(f)}{\partial f^n} \right|_{f=0} (-j2\pi f)^n \tag{4-10}$$

OTF 在零空间频率的 n 阶偏导数为

$$\left. \frac{\partial^n OTF(f)}{\partial f^n} \right|_{f=0} = \frac{\partial^n}{\partial f^n} \int_{-\infty}^{\infty} LSF(x)\exp(-j2\pi fx)dx \bigg|_{f=0} = (-j2\pi)^n \int_{-\infty}^{\infty} x^n LSF(x)dx \tag{4-11}$$

因为 LSF 是像移的概率密度函数(PDF)，可以得到最后一个表达式的积分即位移 x 的 n 阶矩(m_n)，即

$$\int_{-\infty}^{\infty} x^n \mathrm{LSF}(x)\mathrm{d}x = E(x^n) \tag{4-12}$$

式中，$E(\cdot)$ 是求平均值算子。将像移函数 $x(t)$ 代入式(4-12)得到

$$m_n = E\left(x^n\right) = \int_{-\infty}^{\infty} x^n\left(t\right) f_t\left(t\right)\mathrm{d}t = \frac{1}{t_e}\int_{t_s}^{t_s+t_e} x^n\left(t\right)\mathrm{d}t \tag{4-13}$$

式中，$f_t = 1/t_e$ 是时间概率密度函数。

由式(4-10)和式(4-11)可得

$$\mathrm{OTF}\left(f\right) = \sum_{n=0}^{\infty}\frac{m_n}{n!}\left(-\mathrm{j}2\pi f\right)^n \tag{4-14}$$

由式(4-14)可见，像移函数与它的 OTF 之间不是线性的，从线性叠加的运动函数不会产生线性叠加的 OTF。换句话说，由两个像移函数引起的总的 OTF 不会是两个像移函数下的 OTF 的级联相乘。

4) 基于振动函数功率谱分析方法

基于振动函数功率谱分析方法是从振动函数的频域出发，利用振动函数的频谱密度函数计算振动的光学传递函数，分别计算分析离散、平坦、连续及高斯形式的 PSD 的动态传递函数[22]。

由前文可知，基于空域分析方法是根据像点的振动形式推算出 LSF，进而得出 OTF，可以由像移函数计算得出图像质量退化评价函数 OTF，是比较常用的方法。下面根据此方法分析不同形式像移对成像质量的影响。

4.3.2　不同形式像移对成像质量的影响

平台扰动源的不一致性导致像移的形式多种多样，包括线性形式、正弦形式等，而不同形式下的像移对成像质量的影响是不一样的。

1. 线性运动

线性运动形式如式(4-15)所示：

$$\varepsilon\left(t\right) = vt, \quad 0 \leqslant t \leqslant t_e, 0 \leqslant x \leqslant d \tag{4-15}$$

式中，t_e 为积分时间；d 为积分时间内的像移。

对线性像移取概率密度函数得到线扩散函数(LSF)为

$$\mathrm{LSF}_l\left(x\right) = \frac{1}{d}, \quad 0 \leqslant x \leqslant d \tag{4-16}$$

对其做傅里叶变换取绝对值得到调制传递函数(MTF)为

$$\mathrm{MTF} = \left|\mathrm{sinc}\left(fd\right)\right| \tag{4-17}$$

式中，sinc 为辛格函数，$\mathrm{sinc}(x) = \sin(\pi x)/(\pi x)$；$f$ 为空间频率。

线性运动下的 MTF 与积分时间内由运动引起的像移 d 有关，d 越大，造成的 MTF 的下降越明显，其中，像移 d 又与积分时间和像移速度有关。

2. 高频周期振动 $(t_{\mathrm{e}}/T_0 \geqslant 1)$

设 t_{e} 为积分时间，T_0 为像点振动的周期，高频振动一般定义为积分时间内含有至少一个或多个振动周期。积分过程中非周期部分的影响可以忽略不计，在不同积分时刻，像的模糊大小均表现为峰、谷之间的最大位移 $2D$。这里不考虑振动本身的起始位置，其运动形式、LSF 及 MTF 为

$$x = D\cos\frac{2\pi t}{T_0}, \quad 0 \leqslant t \leqslant t_{\mathrm{e}}, t_{\mathrm{e}} \geqslant T_0 \tag{4-18}$$

$$\mathrm{LSF} = \frac{1}{\pi\sqrt{D^2 - x^2}}, \quad x < D \tag{4-19}$$

$$\mathrm{MTF} = \left| \mathrm{J}_0\left(2\pi f D\right) \right| \tag{4-20}$$

式中，J_0 为零阶贝塞尔函数。

高频周期振动的 LSF 如图 4.5 所示，由图可见它是一个对称的函数，关于 $x=0$ 对称。

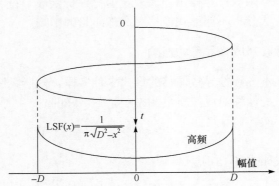

图 4.5　高频周期振动的 LSF

高频周期振动的 MTF 仅与振动振幅有关。MTF 的变化随振动振幅的增加下降明显。若像点振动是多个频率的高频振动的叠加，则其对应的 MTF 为

$$\mathrm{MTF}_{\mathrm{mh}} = \prod_i \mathrm{J}_0\left(2\pi f D_i\right) \tag{4-21}$$

式中，D_i 为不同频率的振动幅值。

3. 低频周期振动

当积分时间小于振动周期时，可以把此振动看成低频周期振动，低频周期振动像移如式(4-22)所示：

$$x = D\cos\frac{2\pi t}{T_0}, \quad 0 \leqslant t \leqslant t_e, t_e < T_0 \tag{4-22}$$

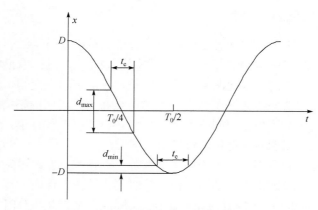

图 4.6　低频周期振动示意图

低频周期振动下的弥散斑大小很复杂，它依赖于积分起始时刻振动的相位和积分时间的长短，而这两者都是随机的。由于积分发生在不同的时刻，弥散斑直径会有所不同。

从图 4.6 中可以看出，最小的弥散斑直径 d_{min} 发生在斜率较缓的地方，斜率越大，弥散斑越大，最小和最大的弥散斑直径为

$$d_{min} = D\left(1 - \cos\left(\frac{2\pi}{T_0}\frac{t_e}{2}\right)\right) \tag{4-23}$$

$$d_{max} = 2D\sin\left(\frac{2\pi}{T_0}\frac{t_e}{2}\right) \tag{4-24}$$

在积分时间确定的情况下，弥散斑直径随着初始积分时刻及振幅、频率的变化而变化。不同时刻开始积分，在积分时间内对应的弥散斑直径不一样，弥散斑直径不一样，导致传递函数不一致。

由于低频振动对成像质量的影响是随机的，这里采用一个统计平均的量来预测及评价其对成像质量的影响，即平均调制传递函数(平均 MTF)[8]。

设低频振动周期为 T，像振动函数为 $x(t)$。由于初始积分时刻是随机的，在时间域$(0, T)$上取 M 个等间隔的点 t_{0m}，分别代表不同的初始积分时刻。因为不同的

初始积分时刻对应的动态 MTF 是不同的，所以将其对应的 MTF 记为 MTF(f, t_{0m})。时间变量是均匀分布的，各时刻发生的概率是相等的，为 $1/M$，因此平均 MTF 为各个时刻发生的概率与该时刻下对应的 MTF 的乘积，即

$$\text{MTF}(f) = \sum_{m=1}^{M} \frac{1}{M} \text{MTF}(f, t_{0m}) \tag{4-25}$$

4.3.3　空间变化动态降质模型

4.3.1 节和 4.3.2 节采用动态传递函数评价振动对成像质量的影响，研究的都是图像中所有点同时成像的情况，且主要强调了振动引起的图像模糊，由于图像上所有点是同时成像的，因此图像的运动降质函数是空间不变的。然而，对于推扫式 TDICCD 成像器件，由于图像上不同的行是在不同时间内扫描形成的，振动引起的图像降质函数不再是空间不变的，而且还会产生几何变形。文献[9]和[10]就颤振引起的几何成像质量退化评价进行了研究。

根据像移降质的原理，对于理想光学系统，点物成点像，讨论一维的情况，则线扩散函数为 $\delta(x)$。由于振动的存在，各时刻成的像在像面上运动，设像移为 $\varepsilon(t)$，则每一时刻的线扩散函数为 $\delta(x-\varepsilon(t))$。实际成像结果是积分时间内各个时刻能量的叠加，实际的线扩散函数为归一化的能量分布，即

$$\text{LSF}_{\text{vib}}(x) = \frac{1}{t_e} \int_{t_0}^{t_0+t_e} \delta(x - \varepsilon(t)) \, \mathrm{d}t \tag{4-26}$$

式中，$\text{LSF}_{\text{vib}}(x)$ 代表由于像移单独引起的线扩散函数。

由运动引起的 LSF 可能是对称的，也可能是不对称的，如图 4.7 所示。对于对称的情形，以 LSF 的中心位置作为 LSF 的实际位置。若不对称，则需要进一步分析。此外，由文献[23]可知，PTF 的线性部分代表图像的整体偏移。

根据傅里叶变换的性质，当 LSF 为偶函数时，PTF 等于 0；当对称的扩散函数的位置移动 x_0 时，PTF 将会变为 $2\pi x_0 f$。因此当 PTF 是线性或 LSF 为对称函数时，以 PTF 的线性系数 x_0 或 LSF 的对称中心作为实际位置相对于理想位置的偏移量。

当 LSF 不对称时，PTF 不再是空间频率的线性函数，这时可以将 OTF 按泰勒级数展开，即[20]

$$\text{OTF}(f) = \sum_{n=0}^{\infty} \frac{m_n}{n!} (-\mathrm{j}2\pi f)^n \tag{4-27}$$

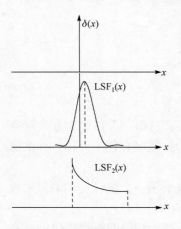

图 4.7　不同情况下的 LSF

$$m_n = \frac{1}{t_e} \int_{t_0}^{t_0+t_e} \varepsilon^n(t) \mathrm{d}t \tag{4-28}$$

式中，m_n 代表像移函数 $\varepsilon(t)$ 的 n 阶统计矩。

取泰勒级数展开的前两项，得到 $\mathrm{OTF}(f) \approx 1 - \mathrm{j}2\pi f m_1$。因此，PTF 为

$$\mathrm{PTF} = \arctan\left(\mathrm{Im}(\mathrm{OTF})/\mathrm{Re}(\mathrm{OTF})\right) = \arctan(-2\pi f m_1) \tag{4-29}$$

又因为 $\arctan(x) = x - x^3/3 + x^5/5 + \cdots$，当 x 很小时，取第一级近似，得到 $\mathrm{PTF} \approx -2\pi f m_1$。因此，当 LSF 不是对称函数时，可以用像移函数一阶统计矩的相反数近似像移引起的实际位置相对于理想位置的几何偏移。

4.4　TDICCD 遥感成像系统动态成像建模

4.4.1　TDICCD 遥感成像系统及动态成像原理

近几十年来，CCD 的研究取得了巨大进步，被广泛应用到航天、航空、遥感、卫星侦察等领域。针对星载遥感相机，随着分辨率需求的提高，光学系统焦距越来越大，为了满足星载相机轻型化的要求，需要减小相对孔径。但是对于 CCD 成像器件，相对孔径的减小，灵敏度就会降低，为解决光学系统分辨力和灵敏度之间的矛盾，发展了 TDI 工作模式的 CCD，即 TDICCD。TDICCD 式航空相机通过延迟积分的方法来收集电荷，具有如下优点[24]：在不牺牲输出数据速率的前提下增加灵敏度，这使得在低光照度下仍然可以具有较高的扫描速度；可以增加 CCD 输出信号的信噪比；可以减小像元之间的响应不均匀性和固定图形噪声；通过增加电荷转移相数可以减小像移对调制传递函数的影响等。

TDICCD 采用时间延迟积分的方法来增大系统的灵敏度，具体的工作原理如图 4.8 所示[25]。

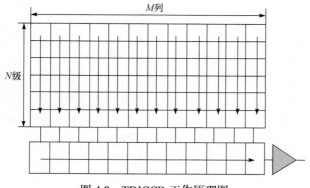

图 4.8　TDICCD 工作原理图

TDICCD 是一个面阵 CCD, 总共有 $N×M$ 个像元, M 代表垂直 TDI 方向上像元的个数, N 代表级数, M 明显大于 N。设 T 为行周期, 从 0 到 T 时间内对第一行景物积分, 面阵的第一级积分完毕后, 第一级积累的电荷迅速转移到第二级, 同时 CCD 面阵的第二级移动到第一行景物的位置, 开始对第一行景物积分, 以此类推, 直至第 N 个积分周期完毕, 产生的所有电荷转移到读出寄存器中并读出, 得到第一行的图像。N 级像元积分实际上相当于同一行像元在 N 个行周期内对同一景物积分, 因此相当于增加了有效的积分时间。积累的能量与积分时间成正比, 因此与普通线阵 CCD 相比, TDICCD 收集的信号量是它的 N 倍。

与普通 CCD 不同, 在对目标成像时, TDICCD 线阵的移动方向必须与目标像移方向一致, 且移动速度大小也应匹配, 否则难以正确提取目标的图像信息, 像移的存在将严重影响成像质量, 对长焦距、大孔径的高分辨力星载遥感相机的影响尤为严重。

将像移按方向进行分类, 又可以分为沿 TDI 方向、垂直 TDI 方向及沿光轴方向, 下面的分析将不考虑沿光轴方向。正常推扫情况下, TDICCD 每扫过地面上的一行景物, 在 TDI 方向(设为 x 方向)上的像移为一个像素, 为正常像移, 在垂直 TDI 方向(设为 y 方向)上没有像移。由于平台扰动的影响, 其实际像移偏离理想像移, 如图 4.9 所示。

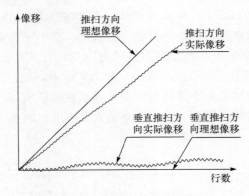

图 4.9　存在平台扰动的像移

由图 4.9 可知, 对于星载 TDICCD 式航空相机, 理想推扫情况下的 x 方向上正常像移曲线应该是直线, 以像素为单位的像移随着推扫行数的增加线性增加, 与横轴的夹角为 45°; 在 y 方向上不存在像移, 即 y 方向上像移曲线与横轴重合。由于平台的扰动, 在像面上的像移不再与理想像移曲线重合, y 方向上的像移与横轴的夹角不再为 0°, 而且像移幅度存在波动。

4.4.2　TDICCD 遥感成像系统成像质量退化模型

根据 TDICCD 成像原理，TDICCD 不同行的图像是不同时刻获取到的，因此对应的像移不一致。像移引起的像质退化是空间变化的。TDICCD 的电荷转移和累加发生在 TDI 方向，因此 TDI 方向和垂直 TDI 方向上的动态降质函数是不一致的，如下所示。

1) TDI 方向

设 TDI 方向上非正常像移为 $X(t)$，根据 TDICCD 的成像原理，若存在非正常像移，第一行成像时，第 n 级初始积分时刻为 $(n-1)T$，第 n 级积分时间内的像移为 $\varepsilon(t)=v[t-(n-1)T]+X(t)$，由于每个像素值是 n 级积分的结果，因此得 x 方向上的线扩散函数为

$$\mathrm{LSF}_x = \frac{1}{NT}\sum_{n=1}^{N}\int_{(n-1)T}^{nT}\delta\big(x-v\big(t-(n-1)T\big)-X(t)\big)\mathrm{d}t \tag{4-30}$$

扫描到第 L 行时，第 L 行的初始积分时刻为 $(L-1)T$，第 L 行第 n 级积分时间内的像移为 $\varepsilon(t)=v[t-(L+n-2)T]+X(t)$，若存在非正常像移，则对应线扩散函数为

$$\mathrm{LSF}_x = \frac{1}{NT}\sum_{k=L-1}^{N+L-2}\int_{kT}^{(k+1)T}\delta\big(x-v\big(t-kT\big)-X(t)\big)\mathrm{d}t \tag{4-31}$$

2) 垂直 TDI 方向

当垂直于 TDI 方向上存在非正常像移 $Y(t)$ 时，则根据式(4-32)，第 L 行的线扩散函数为

$$\mathrm{LSF}_y = \frac{1}{NT}\int_{(L-1)T}^{(L+N-1)T}\delta\big(y-Y(t)\big)\,\mathrm{d}t \tag{4-32}$$

由 4.4.1 节可知，对于 TDICCD 成像系统，像移分为正常像移和非正常像移。下面给出不同形式下的像移对成像质量影响的模型。

4.4.3　正常像移引起的系统成像质量退化模型

由于仅考虑正常像移，所以仅在 TDI 方向上分析即可。以 TDICCD 面阵中的一列为例，理想的推扫过程如图 4.10 所示，点箭头竖线代表 TDICCD 面阵初始的像元中心位置。仅分析像移对成像质量的影响，因此这里忽略 TDI 方向上像元的有限孔径。灰色方框代表每一级积分时间内每个像元扫过的区域，理想推扫成像时，每一级积分时间内扫过的宽度与相邻像元中心间距一致，因此第一个积分时间结束后，第二级像元中心位置移至第一级像元中心位置，第二个积分时间内开始收集与第一级对应相同区域的电荷，以此类推，直至 N 级积分时间结束，所有级收集的电荷累加，得到该行的信号。如果存在非正常像移，将会导致各级扫过

的区域不一致，从而导致电荷的混淆，影响成像质量。

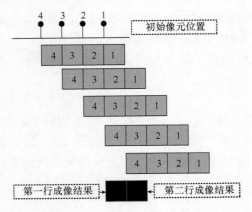

图 4.10　TDICCD 理想推扫成像

设单级积分时间为 T，正常推扫像速度为 v，像元中心间距为 $p=vT$，根据上面的分析，第 L 行第 n 级的初始积分时刻为 $(L+n-2)T$，位置为 0，参考式(4-33)，得到第 L 行的线扩散函数为

$$
\begin{aligned}
\mathrm{LSF}_x &= \frac{1}{NT}\sum_{n=1}^{N}\int_{(L+n-2)T}^{(L+n-1)T}\delta\big(x-v\big(t-\big(L+n-2\big)T\big)\big)\mathrm{d}t \\
&= \frac{1}{p}\mathrm{rect}\left(\frac{x-p/2}{p}\right)
\end{aligned}
\tag{4-33}
$$

式中，rect(x)代表矩形函数。

因此，理想推扫时，TDI 方向上的线扩散函数为矩形函数，每一行的线扩散函数是一样的，宽度为 p，中心位置为 $p/2$。对于理想推扫成像，产生的图像降质是空间不变的，图像总体移动了 $p/2$。

4.4.4　典型非正常像移对 TDICCD 遥感成像质量影响分析

典型非正常像移包含线性像移以及低频、高频振动像移等，不同方向、不同形式的非正常像移对成像质量的影响是不一致的。

1. 线性像移

1) TDI 方向

若 TDI 方向上存在线性非正常像移，设速度 $v_x>0$，则在每一级积分时间内扫过的区域的宽度大于 p，而且从第二级开始，初始积分位置相对于理想位置在 x 方向上有一定的错位，随着级数的增大，错位量越来越大。以 4 级成像为例，如图 4.11 所示。

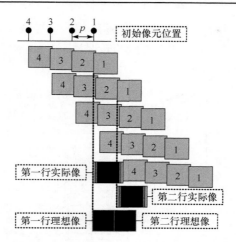

图 4.11　TDI 方向上线性非正常像移对成像质量影响示意图

由图 4.11 可见，在该情况下，一方面，每一行像的宽度变大；另一方面，像的中心位置发生变化，相邻行中心间距改变；最后，相邻行的像之间存在重叠。实际像速度为 $v+v_x$，同步误差[26]即为 v_x/v，设 $\sigma=v_xT$，$p'=p+\sigma$，则

$$\int_{kT}^{(k+1)T}\delta\left(x-v(t-kT)-v_xt\right)\mathrm{d}t=\frac{1}{v+v_x}\mathrm{rect}\left(\frac{x-(2k+p+1)\sigma/2}{p'}\right) \quad(4\text{-}34)$$

将式(4-34)代入式(4-31)中，得第 L 行的 LSF 为

$$\mathrm{LSF}_x=\frac{1}{Np'}\sum_{m=L-1/2}^{N+L-3/2}\mathrm{rect}\left(\frac{x-m\sigma-p/2}{p'}\right) \quad(4\text{-}35)$$

对 LSF 做傅里叶变换得 OTF 为

$$\mathrm{OTF}_x=\mathrm{sinc}(p'f)\frac{\sin(\pi N\sigma f)}{N\sin(\pi\sigma f)}\exp\left(-\mathrm{j}2\pi f\left(p/2+(L-1+N/2)\sigma\right)\right) \quad(4\text{-}36)$$

对 OTF 取绝对值得到 MTF，即

$$\mathrm{MTF}_x=\left|\mathrm{sinc}\left[(p+\sigma)f\right]\frac{\sin(\pi N\sigma f)}{N\sin(\pi\sigma f)}\right| \quad(4\text{-}37)$$

将空间频率归一化，即 $f=1/p$；将 $\sigma=v_xT$、$p=vT$ 代入式(4-37)中，得

$$\mathrm{MTF}_x=\left|\mathrm{sinc}\left[\left(1+\frac{v_x}{v}\right)f\right]\frac{\sin(\pi Nf v_x/v)}{N\sin(\pi f v_x/v)}\right| \quad(4\text{-}38)$$

由式(4-38)可知，MTF 不随行数的改变而改变，所以 x 方向上线性非正常像移引起的图像模糊是空间不变的。不同的 v_x/v 引起的 MTF 的下降情况如图 4.12

所示，设级数 N=32。由图 4.12 可知，像速度偏差会导致 MTF 下降；v_x/v 符号不同时，MTF 是不一致的，$v_x/v<0$ 时的 MTF 要比 $v_x/v>0$ 时的大；v_x/v 同号时，随着绝对值的增大，MTF 下降。

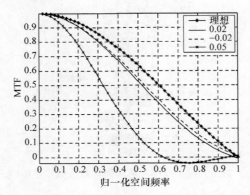

图 4.12　不同同步误差下的 MTF

设同步误差 v_x/v 为 0.02，不同级数引起的 MTF 的变化如图 4.13 所示。由图可见，随着级数的增大，MTF 迅速下降。因此，同步误差确定时，在满足信噪比的前提下应尽可能地减小级数。

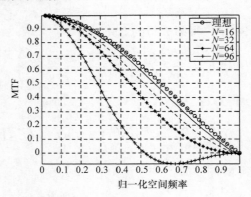

图 4.13　不同级数下的 MTF

对 OTF 取其相位得到 PTF 为

$$\text{PTF}_x = \text{phase}(\text{OTF}_x) = 2\pi f \left[p/2 + N\sigma/2 + (L-1)\sigma \right] \tag{4-39}$$

由式(4-39)可见，PTF 是线性的，因此 LSF 是对称的，第 L 行的中心位置相当于无像移成像的偏移量为

$$X'_L = p/2 + N\sigma/2 + (L-1)\sigma \tag{4-40}$$

因此，实际扫描到的图像行与行之间的中心间距变为 $p+\sigma$，第 L 行实际像位置对

于理想像位置变化为 $N\sigma/2+(L-1)\sigma$。当 $\sigma>0$ 时，每行像的宽度变为 $p+N\sigma$；当 $\sigma<0$ 时，每行像的宽度变为 $p-(N-2)\sigma$。

由于像的宽度不等于相邻行间距，相邻行之间存在一定的重叠。当 $\sigma>0$ 时，相邻行之间的像元重叠率为

$$\eta = \frac{(N-1)\sigma}{p+N\sigma} \times 100\% \tag{4-41}$$

当 $\sigma<0$ 时，相邻行之间的像元重叠率为

$$\eta' = \frac{(N-1)\sigma}{p-N\sigma+2\sigma} \times 100\% \tag{4-42}$$

由于行与行之间的中心位置间距改变将导致 GSD 的变化，因此在相同成像时间内引起成像幅宽的变化。

设理想地面像元分辨力为 GSD_0，则

$$\mathrm{GSD}_0 = \frac{p}{f'}H \tag{4-43}$$

式中，f' 为焦距；H 为轨道高度。

线性非正常像移造成的实际地面采样距离为

$$\mathrm{GSD}_1 = \frac{p+\sigma}{f'}H \tag{4-44}$$

由式(4-43)和式(4-44)得出：当实际像速度大于理想像速度时，推扫方向上的 GSD 变大，地面幅宽变大；当实际像速度小于理想像速度时，推扫方向上的 GSD 变小，地面幅宽变小。

2) 垂直 TDI 方向

若垂直 TDI 方向上存在线性非正常像移，设像速度为 v_y，$\sigma'=v_yT$，则由式(4-32)得第 L 行的 LSF、OTF 及 MTF 分别为

$$\begin{aligned}
\mathrm{LSF}_y &= \frac{1}{NT}\int_{(L-1)T}^{(L-1+N)T} \delta\left(y-v_yt\right)\,\mathrm{d}t \\
&= \frac{1}{N\sigma_y}\mathrm{rect}\left(\frac{y-(L-1)\sigma'-N\sigma'/2}{N\sigma'}\right)
\end{aligned} \tag{4-45}$$

$$\mathrm{OTF}_y = \mathrm{FT}\left(\mathrm{LSF}_y\right) = \mathrm{sinc}\left(Nfv_y/v\right)\exp\left[-\mathrm{j}2\pi f\left((L-1)\sigma'+N\sigma'/2\right)\right] \tag{4-46}$$

$$\mathrm{MTF}_y = \mathrm{sinc}\left(Nfv_y/v\right) \tag{4-47}$$

因此，垂直 TDI 方向上的 MTF 取决于级数及 v_y/v，随着二者的增大，MTF 下降，该方向上的模糊加重。

对 OTF 取其相位，得到 PTF 为

$$\mathrm{PTF}_y = \mathrm{phase}\left(\mathrm{OTF}_y\right) = 2\pi f\left[(L-1)\sigma' + N\sigma'/2\right] \tag{4-48}$$

由 PTF 可得，第 L 行在 y 方向上相对于理想位置的错位量为$(L-1)\sigma'+N\sigma'/2$，而 y 方向上的 GSD 并没有因为运动的影响而改变；由于 y 方向上像移的影响，同一列相邻行之间在 y 方向上存在一定的错位，错位量为 v_yT。可见，随着行数 L 的增大，实际扫描轨迹渐渐偏离理想推扫轨迹，扫描方向相对于理想方向旋转的角度为 $\alpha=\arctan(v_y/v)$，如图 4.14 所示。

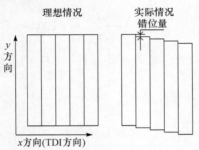

图 4.14　垂直 TDI 方向线性运动引起的几何变形

因此，当存在线性非正常像移时，将引起空间不变的模糊与几何变形。图像的模糊程度与级数、非正常像速度与正常像速度之比有关；级数越大，比值越大，模糊越严重。但是，几何变形与级数无关。

2. 振动像移

1) 高频正弦振动像移

(1) 垂直 TDI 方向。垂直 TDI 方向上，若存在高频正弦振动像移，振动形式为 $Y(t)=D\sin(\omega t)$，$\omega T_0=2\pi$，$NT \geqslant T_0$，根据式(4-32)，第 L 行的线扩散函数为

$$\mathrm{LSF}_y = \frac{1}{NT}\int_{(L-1)T}^{(L+N-1)T}\delta\left(y - D\sin(\omega t)\right)\mathrm{d}t \tag{4-49}$$

若积分时间恰好等于一个振动周期，即 $NT=T_0$，设 $t_0=(L-1)T$，$Y(t)$ 在$[t_0,t_0+T_0/4]$内单调上升，在$[t_0+T_0/4,\ t_0+3T_0/4]$内单调下降，在$[t_0+3T_0/4,\ t_0+T_0]$内单调上升，令 $V(y)=\delta(y-A\sin(\omega t))$，$\xi=y-A\sin(\omega t)$，则有

$$\begin{cases}\mathrm{d}\xi = -D\omega\cos(\omega t)\mathrm{d}t \\ \dfrac{\mathrm{d}t}{\mathrm{d}\xi} = \pm\dfrac{1}{\omega\sqrt{D^2-(y-\xi)^2}}\end{cases},\ \begin{cases}y-D<\xi<y+D\text{时取 "+"} \\ \xi\leqslant y-D\text{ 或 }\xi\geqslant y+D\text{时取 "–"}\end{cases} \tag{4-50}$$

将式(4-50)代入式(4-49)得线扩散函数为

$$
\begin{aligned}
\text{LSF}_y &= \frac{1}{T_0}\left(\int_{t_0}^{t_0+T_0/4} V(y)\mathrm{d}t + \int_{t_0+T_0/4}^{t_0+3T_0/4} V(y)\mathrm{d}t + \int_{t_0+3T_0/4}^{t_0+T_0} V(y)\mathrm{d}t\right) \\
&= \frac{1}{T_0}\left(\int_{y}^{y-D}\delta(\xi)\frac{\mathrm{d}t}{\mathrm{d}\xi}\mathrm{d}\xi + \int_{y-D}^{y+D}\delta(\xi)\frac{\mathrm{d}t}{\mathrm{d}\xi}\mathrm{d}\xi + \int_{y+D}^{y}\delta(\xi)\frac{\mathrm{d}t}{\mathrm{d}\xi}\mathrm{d}\xi\right) \\
&= \frac{1}{2\pi\sqrt{D^2-y^2}}\left[\text{rect}\left(\frac{y-D/2}{D}\right)+\text{rect}\left(\frac{y}{2D}\right)\right]+\frac{1}{2\pi\sqrt{D^2-y^2}}\text{rect}\left(\frac{y+D/2}{D}\right) \\
&= \frac{1}{\pi\sqrt{A^2-y^2}}\text{rect}\left(\frac{y}{2D}\right)
\end{aligned}
\tag{4-51}
$$

由式(4-51)可见，线扩散函数是偶函数。同理，当积分时间为振动周期的其他整数倍时，扩散函数依旧是上述形式。因此，该情况下不会引起几何变形，仅引起线扩散函数加宽，从而引起图像模糊。

对式(4-51)进行傅里叶变换得到 OTF 为

$$
\text{OTF} = \text{J}_0(2\pi D)
\tag{4-52}
$$

由式(4-52)可见，该情况下引起的模糊仅与像振动的幅度有关。

若积分时间不是振动周期的整数倍，不妨设 $NT=(m+q)T_0$，其中，m 为大于等于 1 的整数，q 为小数，设 $c=D\sin(\omega q T_0)$，若 $q \leqslant 1/4$，则第一行的线扩散函数为

$$
\begin{aligned}
\text{LSF}_y &= \frac{1}{NT}\int_0^{mT_0} V(y)\mathrm{d}t + \frac{1}{NT}\int_{mT_0}^{NT} V(y)\mathrm{d}t \\
&= \frac{2m}{NT\omega\sqrt{D^2-y^2}}\text{rect}\left(\frac{y}{2D}\right)+\frac{1}{NT\omega\sqrt{D^2-y^2}}\text{rect}\left(\frac{y-c/2}{c}\right)
\end{aligned}
\tag{4-53}
$$

同理，若 $1/4<q\leqslant 3/4$，则线扩散函数为

$$
\begin{aligned}
\text{LSF}_y &= \frac{2m}{NT\omega\sqrt{D^2-y^2}}\text{rect}\left(\frac{y}{2D}\right)+\frac{1}{NT\omega\sqrt{D^2-y^2}}\text{rect}\left(\frac{y-D/2}{D}\right) \\
&\quad +\frac{1}{NT\omega\sqrt{D^2-y^2}}\text{rect}\left(\frac{y-(D+c)/2}{D-c}\right)
\end{aligned}
\tag{4-54}
$$

若 $3/4<q<1$，则线扩散函数为

$$
\begin{aligned}
\text{LSF}_y &= \frac{1}{NT\omega\sqrt{D^2-y^2}}\left[\text{rect}\left(\frac{y-D/2}{D}\right)+\text{rect}\left(\frac{y-(c-D)/2}{D+c}\right)\right] \\
&\quad +\frac{2m+1}{NT\omega\sqrt{D^2-y^2}}\text{rect}\left(\frac{y}{2D}\right)
\end{aligned}
\tag{4-55}
$$

设振幅 D 为一个像素，得到不同 NT/T_0 下的高频振动 LSF，如图 4.15 所示。

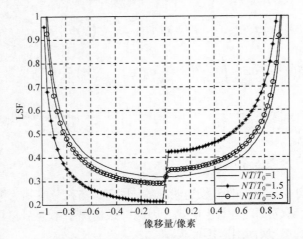

图 4.15　高频振动 LSF 随着积分时间与振动周期之比的变化

由图 4.15 可见，当 NT/T_0 不是整数时，随着比值的增大，LSF 越接近 NT/T_0 为整数时的结果。由于 NT/T_0 不是整数，LSF 不再是对称的函数。若 NT/T_0 不是整数，要直接对 LSF 做傅里叶变换计算 MTF 是很困难的，这里直接采用数值积分的方法。

垂直 TDI 方向上由正弦振动引起的 MTF 的数值计算表达式为

$$
\begin{aligned}
\text{MTF}_y &= \frac{1}{NT}\left|\int_{(L-1)T}^{(L+N-1)T}\exp\left(-\mathrm{j}2\pi fD\sin(\omega t)\right)\mathrm{d}t\right| \\
&\approx \frac{1}{M}\left|\sum_{i=1}^{M}\exp\left(-\mathrm{j}2\pi fD\sin\left(\omega\left((L-1)T+NTi/M\right)\right)\right)\right| \\
&= \frac{1}{M}\left|\sum_{i=1}^{M}\exp\left(-\mathrm{j}2\pi fD\sin\left(2\pi\left((L-1)/N(NT/T_0)+(i/M)(NT/T_0)\right)\right)\right)\right|
\end{aligned}
\tag{4-56}
$$

式中，M 为积分时间内采样点的个数。

由式(4-56)可见，由于正弦振动引起的 MTF 取决于振动振幅 D、行数 L、积分级数 N、NT/T_0 等参数。设振幅为 0.5 个像素，NT/T_0 为 1.5 和 10.5，积分级数为 32，则不同行的 MTF 如图 4.16 所示。

由图 4.16 可见，当 NT/T_0 为 1.5 时，不同行的 MTF 差异比较明显，因此图像的模糊空变性比较明显。当 NT/T_0 较大时，不同行的 MTF 近似一致，此时高频振动像移造成的图像模糊空变性不再明显，图像不同区域的模糊程度近似一致。

(2) TDI 方向。若 TDI 方向上存在高频振动像移，则式(4-34)变为

$$
\int_{kT}^{(k+1)T}\delta\left(x-v(t-kT)-X(t)\right)\mathrm{d}t=\int_{kT}^{(k+1)T}\delta\left(x-v(t-kT)-D\sin(\omega t)\right)\mathrm{d}t
\tag{4-57}
$$

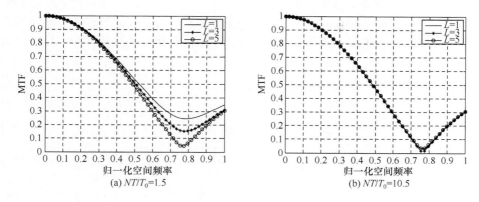

图 4.16 不同行的高频振动 MTF

式(4-57)要直接积分比较困难，下面采用近似的方法。一般情况下，非正常像移相对于正常像移很小，设在$[kT, (k+1)T]$内，$D\sin(\omega t)$变化量很小，有 $D\sin(\omega t) \approx D\sin(\omega kT)$，则

$$\int_{kT}^{(k+1)T} \delta\big(x - v(t-kT) - D\sin(\omega t)\big)\mathrm{d}t \approx \frac{1}{v}\,\mathrm{rect}\left(\frac{x-p/2}{p}\right) * \delta\big(x - D\sin(\omega kT)\big) \quad (4\text{-}58)$$

对振动像移的 LSF 进行数值积分，当 N 足够大时，得

$$\mathrm{LSF}_{\mathrm{vib}} = \frac{1}{NT}\int_{(L-1)T}^{(L+N-1)T} \delta\big(x - D\sin(\omega t)\big)\mathrm{d}t \approx \frac{1}{N}\sum_{k=0}^{N-1}\delta\big(x - D\sin(\omega kT)\big) \quad (4\text{-}59)$$

将式(4-58)和式(4-59)代入式(4-31)中得

$$\begin{aligned}\mathrm{LSF}_x &\approx \frac{1}{p}\,\mathrm{rect}\left(\frac{x-p/2}{p}\right) * \mathrm{LSF}_{\mathrm{vib}}\\ &= \mathrm{LSF}_{\mathrm{push}} * \mathrm{LSF}_{\mathrm{vib}}\end{aligned} \quad (4\text{-}60)$$

对式(4-60)做傅里叶变换得

$$\mathrm{MTF}_x \approx \mathrm{MTF}_{\mathrm{push}} \times \mathrm{MTF}_{\mathrm{vib}} \quad (4\text{-}61)$$

由式(4-61)可见，当 TDICCD 方向上存在高频振动像移，级数比较大且非正常像移相对正常像移量比较小时，LSF 近似为正常像移下的 LSF 与振动像移下的 LSF 的卷积，MTF 近似为推扫 MTF 与振动 MTF 的乘积，下面利用数值积分的方法验证上述近似方法的正确性。

利用数值计算方法，TDI 方向上的 MTF 为

$$\mathrm{MTF}_x \approx \frac{1}{MN}\left|\sum_{k=L-1}^{N+L-2}\sum_{i=0}^{M-1}\exp\big(-2\pi\mathrm{j}f\big(ivT/M - D\sin\big(\omega(iT/M + kT)\big)\big)\big)\right| \quad (4\text{-}62)$$

设 D 为 0.5 个像素，积分时间为振动周期的整数倍，则近似 MTF 与数值

MTF 如图 4.17 所示。由图 4.17 可见两条曲线重合，因此近似公式与真实结果误差很小。可以直接用近似式(4-61)来描述受正常像移和振动像移共同作用下的成像质量情况。

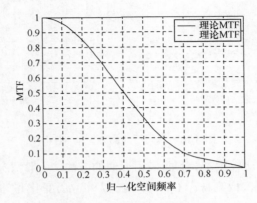

图 4.17　不同方法计算得到的 MTF

前面已经单独给出了高频振动像移下的 LSF 和 MTF，因此根据式(4-60)和式(4-61)即可得到 TDI 方向上的成像质量下降情况。因此，当 TDI 方向上存在高频振动像移时，不会引起几何变形或者几何变形很小。

2) 低频正弦振动像移

(1) 垂直 TDI 方向。若为低频振动，则第 L 行积分对应的初始积分时刻为 $(L-1)T$，按照初始积分时刻与积分时间之间的关系可知，$Y(t)=A\sin(\omega t)$ 在 $[(L-1)T,(L+N-1)T]$ 内有 5 种可能的变化趋势：递增、先增后减、先增后减再增、递减、先减后增。

设 $a=D\sin\left[\omega(L-1)T\right]$，$b=D\sin\left[\omega(L+N-1)T\right]$，对于第一种变化趋势，LSF 为

$$\text{LSF}_y=\frac{1}{NT\omega\sqrt{D^2-y^2}}\text{rect}\left(\frac{y-(a+b)/2}{b-a}\right) \tag{4-63}$$

第二种变化趋势下的 LSF 为

$$\text{LSF}_y=\frac{1}{NT\omega\sqrt{D^2-y^2}}\text{rect}\left(\frac{y-(D+a)/2}{D-a}\right)+\frac{1}{NT\omega\sqrt{D^2-y^2}}\text{rect}\left(\frac{y-(D+b)/2}{D-b}\right)$$

$$\tag{4-64}$$

第三种变化趋势下的 LSF 为

$$\mathrm{LSF}_y = \frac{1}{NT\omega\sqrt{D^2-y^2}}\mathrm{rect}\left(\frac{y-(D+a)/2}{D-a}\right)$$
$$+\frac{1}{NT\omega\sqrt{D^2-y^2}}\mathrm{rect}\left(\frac{y-(D+b)/2}{D-b}\right) \qquad (4\text{-}65)$$
$$+\frac{1}{NT\omega\sqrt{D^2-y^2}}\mathrm{rect}\left(\frac{y}{2D}\right)$$

第四种变化趋势下的 LSF 为

$$\mathrm{LSF}_y = \frac{1}{NT\omega\sqrt{D^2-y^2}}\mathrm{rect}\left(\frac{y-(a+b)/2}{a-b}\right) \qquad (4\text{-}66)$$

第五种变化趋势下的 LSF 为

$$\mathrm{LSF}_y = \frac{1}{NT\omega\sqrt{D^2-y^2}}\mathrm{rect}\left(\frac{y-(a-D)/2}{a+D}\right)$$
$$+\frac{1}{NT\omega\sqrt{D^2-y^2}}\mathrm{rect}\left(\frac{y-(b-D)/2}{b+D}\right) \qquad (4\text{-}67)$$

设振幅 D 为一个像素，图 4.18 给出了三种情况下的 LSF。图中情况 1 代表 $NT/T_0=1$，初始积分时刻为 KT_0；情况 2 代表 $NT/T_0=0.2$，初始积分时刻为 KT_0；情况 3 代表 $NT/T_0=0.5$，初始积分时刻为 $0.7T+KT_0$，K 为整数。根据上面的公式及图 4.18 可见，低频振动的线扩散函数是 NT/T_0 为整数时的高频振动 LSF 的部分或者几部分的叠加再进行归一化的结果。因此，同等振幅的高、低频振动，高频振动引起的图像模糊一定要比低频振动引起的模糊严重。

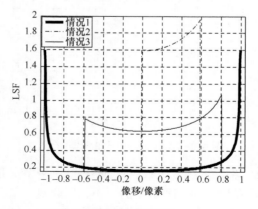

图 4.18　不同情况下的 LSF

对于 TDICCD，不同行的初始积分时刻是不一致的，若存在低频振动像移，则不同行的 LSF 的宽度、位置、大小都是不一致的，因此低频振动将带来空间变化的模糊与几何变形。

设级数为 32，NT/T_0 为 0.5，振幅为 1 个像素，则根据式(4-56)得到不同行的 MTF 如图 4.19 所示。由图 4.19 可见，若存在低频振动像移，则不同行的 MTF 差异比较明显，因此引起的图像模糊是空间变化的。

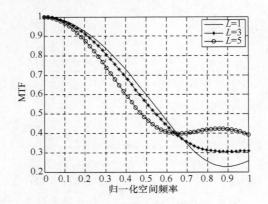

图 4.19　不同行的低频振动 MTF

若级数改变，分别为 16、32、48，振幅依旧为一个像素，NT/T_0 分别为 0.1、0.2、0.3，第一行的 MTF 如图 4.20 所示。

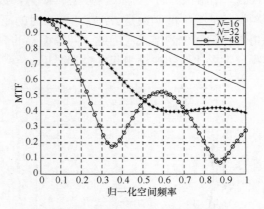

图 4.20　不同级数下的低频振动 MTF

由图 4.20 可见，不同的积分级数导致 MTF 的下降情况是不一致的。图中在特定频移内 32 级下的 MTF 比 48 级下的要小，因此对于某行，积分级数增大不一定使该行图像更模糊，但是一定会使图像最模糊的程度增大。

下面考察垂直 TDI 方向上的低频振动引起的几何变形情况。当积分时间相对

于振动周期比较小时，如 $NT < T_0/4$，考虑单调的区域，则

$$
\begin{aligned}
m_1 &= \frac{1}{NT}\int_{(L-1)T}^{(L+N-1)T} D\sin(\omega t)\mathrm{d}t \\
&= \frac{-2D\sin\left[2\pi(L-1)T/T_0 + \pi NT/T_0\right]\sin(\pi NT/T_0)}{NT}
\end{aligned}
\tag{4-68}
$$

第 L 行沿垂直 TDI 方向上的错位量为

$$
S_L = -m_1 = \frac{2D\sin\left[2\pi(L-1)T/T_0 + \pi NT/T_0\right]\sin(\pi NT/T_0)}{NT}
\tag{4-69}
$$

由式(4-69)可知，各行在垂直 TDI 方向上的错位量随着行数周期变化，从而引起空间周期性扭曲，图像上几何扭曲的空间周期(单位：行)等于 T_0/T，扭曲的振幅为

$$
D_s = 2D\sin(\pi NT/T_0)/(NT) = 2\pi D\mathrm{sinc}(NT/T_0)/T_0
\tag{4-70}
$$

由此可知，振动周期与单级积分时间之比越小，扭曲的空间周期越小；在振动频率确定的情况下，随着级数的增大，扭曲的空间周期不变，扭曲的幅度减小；在级数确定的情况下，随着振动频率的增大，扭曲的空间周期减小。若扫描一幅图像所用的时间为 T_z，在此期间内，像振动了 T_z/T_0 个周期，扫过的行数为 T_z/T，因此图像扭曲空间周期的个数为 T_z/T_0，与像振动周期的个数一致。

(2) TDI 方向。当 TDI 方向上存在低频振动像移时，对图像模糊的分析详见式(4-61)和式(4-62)。对几何质量的影响如下所示。

由式(4-60)可知，TDI 方向上像移引起的 LSF 可近似为正常像移和非正常像移的 LSF 的卷积。因此，由上面的分析可知，在 TDI 方向上相对于理想推扫成像，第 L 行沿 TDI 方向上的错位量与式(4-69)一致。因此，当 TDI 方向上存在低频振动像移时，每一行的实际位置偏离理想位置的距离也是随着推扫行数周期变化的，变化的周期及振幅与 y 方向上存在同样像移时图像扭曲的空间周期及振幅大小是一致的，因此表现在图像上即在 TDI 方向上 GSD 的周期性变化，图像在 TDI 方向上周期性地拉伸与收缩。

由上可见，低频振动产生空间变化的模糊和几何变形，模糊程度和几何变形均与 TDICCD 的积分级数有关。

实际中可能存在这样一种情况，即在低级数积分时振动为低频振动，产生空间变化的模糊与几何变形，随着级数的增大，振动变为高频振动，这时将产生微量的几何变形和更加模糊的但空间变化不明显的图像。

4.4.5　TDICCD 遥感成像系统动态成像建模

遥感成像仿真可以定量模拟各类要素对成像几何、辐射质量的影响，还可以

验证某些模型、算法的正确性，因此是卫星工程的重要一环，本节给出 TDICCD 成像系统动态成像仿真模型。

设未经 CCD 采样时的模拟图像为 $f(x, y)$，CCD 在 x 方向和 y 方向上的采样间距相等且等于 p，经过 CCD 采样后的图像为

$$T = \sum_{L=1}^{L_n} \sum_{R=1}^{R_n} \delta(x - Lp, y - Rp) f(x, y) \tag{4-71}$$

像移和采样共同作用引起的退化图像为

$$g(x, y) = \sum_{L=1}^{L_n} \sum_{R=1}^{R_n} \delta(x - Lp, y - Rp) \left[f(x, y) * \mathrm{PSF}(x, y) \right] \tag{4-72}$$

因此，第 L 行第 R 列在像移和采样共同作用下的退化图像为

$$
\begin{aligned}
I(L, R) &= \delta(x - Lp, y - Rp) f(x, y) * \mathrm{PSF}(x, y) \\
&= \frac{1}{NT} \sum_{n=1}^{N} \int_{(L-2+n)T}^{(L-1+n)T} T\left(Lp + v\left(t - (L-2+n)T\right) + X(t), Rp + Y(t)\right) \mathrm{d}t
\end{aligned} \tag{4-73}
$$

采用数值积分的方法(复合梯形公式)计算式(4-73)中的定积分，将单级积分周期分成 M 个相等的子区间，设区间长度 $\Delta = T/M$，$t_i = (L-2+n)T + (i-1)\Delta$，$i = 1, 2, \cdots, M+1$，令 $Q = (L-2+n)M$，$t_i = [Q + (i-1)]\Delta$，设 $a_{Ln} = X[(L-2+n)T]$，$b_{Ln} = Y[(L-2+n)T]$，$b_{L(n+1)} = Y[(L-1+n)T]$。则第 L 行第 R 列第 n 级的像素值为

$$
\begin{aligned}
I'(L, R, n) &= \frac{1}{T} \int_{(L-2+n)T}^{(L-1+n)T} T\left(Lp + v\left(t - (L-2+n)T\right) + X(t), Rp + Y(t)\right) \mathrm{d}t \\
&= \frac{1}{2M} \left[T\left(a_{Ln} + Lp, Rp + b_{Ln}\right) + T\left(Lp + p + a_{L(n+1)}, Rp + b_{L(n+1)}\right) \right] \\
&\quad + \frac{1}{M} \sum_{i=1}^{M-1} T\left(Lp + vi\Delta + X((Q+i)\Delta), Rp + Y((Q+i)\Delta)\right)
\end{aligned} \tag{4-74}
$$

数字图像的坐标是整数，相邻行和相邻列的坐标差为 1，因此 $p=1$。而 $vi\Delta = viT/M = i/M$，$X_s(m)$、$Y_s(m)$ 分别代表将 $X(t)$、$Y(t)$ 以时间间隔 Δ 进行采样后的第 m 个点，即 $X_s(m) = X(m\Delta)$，$Y_s(m) = Y(m\Delta)$，则 $a_{Ln} = X_s(Q)$，$b_{Ln} = Y_s(Q)$，$b_{L(n+1)} = Y_s(Q+M)$。因此，第 L 行第 R 列的像素值为

$$
\begin{aligned}
I(L, R) &= \frac{1}{N} \sum_{n=1}^{N} I'(L, R, n) \\
&= \frac{1}{NM} \sum_{n=1}^{N} \left\{ \begin{array}{l} \sum_{i=1}^{M-1} T\left(L + i/M + X_s(Q+i), R + Y_s(Q+i)\right) \\ + T\left(L + X_s(Q), R + Y_s(Q)\right)/2 \\ + T\left(L + X_s(Q+M) + 1, R + Y_s(Q+M)\right)/2 \end{array} \right\}
\end{aligned} \tag{4-75}
$$

式(4-75)为 TDICCD 动态成像的数字仿真模型，为了仿真平台运动对 TDICCD 成像质量的影响，需要输入不正常像移 $X(t)$ 和 $Y(t)$。积分时间离散点的数量需要综合考虑计算精度和计算速度。像的位置可能不再是整数，因此需要对像素进行插值计算，像素插值可以采用最邻近插值、线性插值或三次插值等方法。

4.4.6　TDICCD 动态成像仿真

下面通过仿真试验来研究不同形式的平台运动对像质的影响，所采用的仿真参数为：行周期 0.5ms，级数 4～96 级可变，仿真图像尺寸 230×230，行周期内采样点个数 $Q=10$。为方便地观察到不同方向上、不同级数引起的成像质量下降情况，这里将不同级数下的能量归一化。为了直观地看到动态降质的效果，原始图像选择靶标图，如图 4.21 所示。

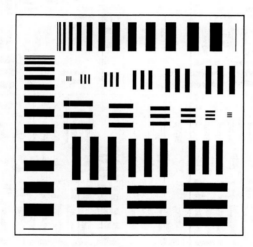

图 4.21　原始图像靶标图

采用均方误差(mean square error, MSE)和结构相似度(structural similarity, SSIM)两种方法评价仿真后的图像质量。MSE 越小，SSIM 越接近 1，则两幅图像越相似。

1. 线性不正常像移对成像质量的影响

1) TDI 方向

理想推扫下的仿真结果如图 4.22(a)所示，同步误差 10%、级数为 32 下的仿真结果如图 4.22(b)所示，图 4.22(c)和(d)为同步误差 5%、级数分别为 4 和 96 下的仿真结果。

仿真结果图 4.22(a)与原始图像的 MSE=0.3465、SSIM=0.9987，可见正常推扫像移引起的像质的下降人眼基本上察觉不到。由仿真结果图 4.22(b)可见，TDI 方向上的不正常线性像移引起 TDI 方向的图像模糊和采样间距的变化，对于星载遥感 TDICCD，引起地面采样距离的变化，从而引起地面幅宽的变化。与理想推扫的仿真结果相比，4 级下 MSE=27.9729、SSIM=0.4585；96 级下 MSE=32.1241、SSIM=0.4188。可见在像移速度一定的情况下，随着级数的增大，成像质量恶化严重。4 级成像时，虽然清晰度很好，但是从评价参数上看，成像质量下降依旧严重，这是由几何变形引起的。

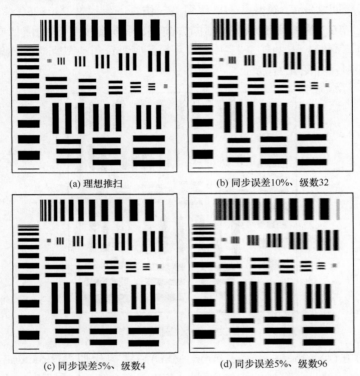

(a) 理想推扫　　　　　　　　　　(b) 同步误差10%、级数32

(c) 同步误差5%、级数4　　　　　(d) 同步误差5%、级数96

图 4.22　TDI 方向上线性像移对成像质量影响仿真结果

2) 垂直 TDI 方向

设 $\eta = v_y/v$，级数为 32，其中，v_y 为垂直 TDI 方向上的非正常像速度，v 为理想像速度。下面给出 η=5%, 10%时的仿真结果，如图 4.23 所示。

经过计算，相对于理想推扫仿真结果，图 4.23(a)的 MSE=28.1436、SSIM=0.4301；图 4.23(b)的 MSE=33.1661、SSIM=0.3522。可见 y 方向上的线性像移引起偏流角，从而导致 y 方向上的模糊和图像的旋转，像速度越大，图像越模糊，旋转的角度越大。级数对其影响同上。级数不影响其几何变形情况，但是影响图像的模糊程度。

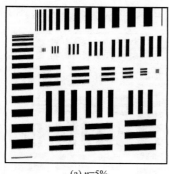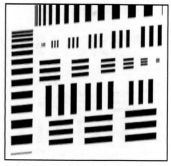

(a) η=5%　　　　　　　　　　　　(b) η=10%

图 4.23　垂直 TDI 方向上线性像移对成像质量影响仿真结果

2. 低频正弦振动像移对成像质量的影响

设 T_0 为振动周期，f 为振动频率，对于低频振动，即 $NT<T_0$，所以 $f<1/(NT)$。级数为 4、频率小于 500Hz 为低频振动；级数为 32、频率小于 62.5Hz 为低频振动。

1) 垂直 TDI 方向

设 y 方向上存在低频正弦振动像移，振动频率 f 分别为 10Hz 和 20Hz，振幅 D=4 像素，图 4.24 给出 32 级的仿真结果。经过计算，相对于理想推扫仿真结果，图 4.24(a)的 MSE=15.7203、SSIM=0.5948；图 4.24(b)的 MSE=15.0090、SSIM=0.6082。

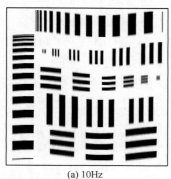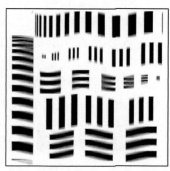

(a) 10Hz　　　　　　　　　　　　(b) 20Hz

图 4.24　垂直 TDI 方向上低频振动像移对成像质量影响仿真结果

可见垂直 TDI 方向上的低频振动引起图像的周期性扭曲以及 y 方向上图像的模糊。频率增大时，在积分时间内扭曲的空间周期的个数增大，图像也更加模糊。

2) TDI 方向

设 TDI 方向上存在低频振动像移，设振动频率 f=10Hz, 20Hz，振幅 D=4 像素，图 4.25 给出了 32 级的仿真结果。经过计算，相对于理想推扫仿真结果，图

4.25(a)的 MSE=14.6976、SSIM=0.6072；图 4.25(b)的 MSE=14.9505、SSIM=0.6063。

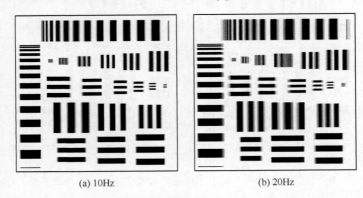

　　(a) 10Hz　　　　　　　　　　　　(b) 20Hz

图 4.25　TDI 方向上低频振动对成像质量影响仿真结果

　　由图 4.25 可见，TDI 方向上低频正弦振动像移引起 TDI 方向上采样间距的周期变化以及该方向上的图像模糊。几何变形和图像模糊与振动频率、积分级数有关，此外还与振幅有关，这里没有给出仿真结果。

3. 高频振动像移对成像质量的影响

　　当级数高于 16 时，振动频率大于 125Hz 的都属于高频振动。设振动发生在 TDI 方向上，振幅为 1.5 像素，级数为 32，振动频率分别为 125Hz、250Hz、375Hz，讨论振动频率对成像质量的影响。仿真结果如图 4.26 所示。

　　经过计算，相对于理想推扫仿真结果，图 4.26(a)的 MSE=5.7427、SSIM=0.8642；图 4.26(b)的 MSE=5.7524、SSIM=0.8640；图 4.26(c)的 MSE=5.7445、SSIM=0.8643。由图 4.26 可见，TDI 方向上的高频振动基本不会引起几何变形，主要是引起该方向上的图像模糊，且高频振动对成像质量的影响与级数基本无关，与频率也基本无关。同理，当振动发生在垂直于 TDI 方向上时，也主要引起该方向上的模糊。

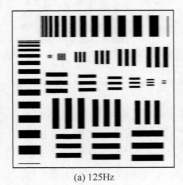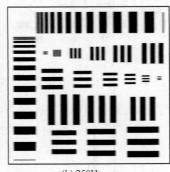

　　(a) 125Hz　　　　　　　　　　　　(b) 250Hz

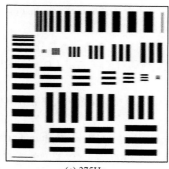

(c) 375Hz

图 4.26　TDI 方向上高频振动像移对成像质量影响仿真结果

　　本节的仿真试验结果充分验证了前面理论模型的正确性。试验也表明，平台的扰动会对 TDICCD 成像系统的辐射质量和几何质量造成影响。

4.5　本 章 小 结

　　卫星平台运动是影响高分辨率星载 TDICCD 式航空相机成像质量的一个重要因素，它干扰像的正常运动，引起恶化成像质量的非正常像移。研究平台运动对星载 TDICCD 式航空相机成像质量的影响并进行动态成像仿真对改善航空相机成像质量有重要意义。本章给出了天基平台运动对成像质量影响的机理、数学模型、仿真模型等，可以为恢复图像的像移补偿算法提供支持，同时完善了系统全链路仿真模型，还可以为稳定平台的研制约束提供输入条件。

参 考 文 献

[1] Smith S L, Mooney J, Tantalo T A, et al. Understanding image quality losses due to smear in high-resolution remote sensing imaging systems[J]. Optical Engineering, 1999, 38(5): 821-826.

[2] 谭维炽, 胡金刚. 航天器系统工程[M]. 北京: 中国科学技术出版社, 2009.

[3] Sudey J, Sculman J R. In orbit measurements of Landsat-4 thematic mapper dynamic disturbances[C]. The 35th Congress of the International Astronautical Federation, 1985: 485-503.

[4] Wittig M, Van L H. In-orbit measurements of microaccelerations of ESA's communication satellite OLYMPUS[J]. Proceedings of SPIE, 1990, 1218: 205-214.

[5] Toyoshima M, Araki K. In-orbit measurements of short term attitude and vibrational environment on the engineering test satellite VI using laser communication equipment[J]. Optical Engineering, 2001, 40(5): 827-832.

[6] Toyoshima M, Takayama Y, Kunimori H. In-orbit measurements of spacecraft microvibrations for satellite laser communication links[J]. Optical Engineering, 2010, 49(8): 1-10.

[7] Lieber M. Space-based optical system performance evaluation with integrated modeling tools[J]. Proceedings of SPIE, 2004, 5420: 85-96.

[8] 王治乐, 庄绪霞, 张兰庆. 动态 MTF 的数值计算与分析[J]. 光学技术, 2011, 37(5): 590-596.

[9] 庄绪霞, 王治乐, 阮宁娟, 等. 像移对星载 TDICCD 相机成像品质的影响分析[J]. 航天返回与遥感, 2013, (6): 66-73.

[10] 庄绪霞. 平台运动对星载 TDICCD 相机成像质量影响分析与仿真[D]. 哈尔滨: 哈尔滨工业大学, 2011.

[11] Trott T. The effects of motion in resolution[J]. Photogrammetric Engineering, 1960, 26: 819-827.

[12] Som S C. Analysis of the effect of linear smear on photographic images[J]. Journal of the Optical Society of America, 1971, 61(7): 859-864.

[13] Shack R V. The influence of image motion and shutter operation on the photographic transfer function[J]. Applied Optics, 1964, 3(10): 1171-1181.

[14] Lohmann A W, Paris D P. Influence of longitudinal vibrations on image quality[J]. Applied Optics, 1965, 4(4): 393-397.

[15] Mahajan V N. Degradation of an image due to Gaussian motion[J]. Applied Optics, 1978, 17(20): 3329-3334.

[16] Hadar O, Fisher M, Kopeika N S. Image resolution limits resulting from mechanical vibrations. Part Ⅲ: Numerical calculation of modulation transfer function[J]. Optical Engineering, 1992, 31(3): 581-589.

[17] Hadar O, Dror I, Kopeika N S. Numerical calculation of image motion and vibration modulation transfer functions: A new method[J]. Proceedings of SPIE, 1991, 1533: 61-74.

[18] Hadar O, Dror I, Kopeika N S. Image resolution limits resulting from mechanical vibrations. Part Ⅳ: Real-time numerical calculation of optical transfer functions and experimental verification[J]. Optical Engineering, 1994, 33(2): 566-578.

[19] Hadar O, Dror I, Kopeika N S. Numerical calculation of image motion and vibration modulation transfer functions[J]. Proceedings of SPIE, 1991, 1482: 79-91.

[20] Stern A, Kopeika N S. Analytical method to calculate optical transfer functions for image motion and vibrations using moments[J]. Journal of the Optical Society of America A, 1997, 14(2): 388-396.

[21] Stern A, Kopeika N S. Analytical method to calculate optical transfer functions for image motion and vibrations using moments and its implementation in image restoration[J]. Proceedings of SPIE, 1997, 2827: 191-202.

[22] Stern A, Kopeika N S. Optical transfer function analysis of images blurred by nonharmonic vibrations characterized by their power spectrum density[J]. Journal of the Optical Society of America A, 1999, 16(9): 2200-2208.

[23] Jodoin R E. Linear phase shift removal in OTF measurements[J]. Optical Society of America, 1986, 25(8): 1261-1262.

[24] 佟首峰, 李德志, 郝志航. 高分辨力 TDI-CCD 遥感相机的特性分析[J]. 光电工程, 2001, 28(4): 64-67.

[25] Wong H S, Yao Y L, Schlig E S. TDI charge coupled devices: Design and applications[J]. IBM Journal of Research and Development, 1992, 36(1): 83-106.

[26] 张林, 吴晓琴, 汤宫民. 基于 MTF 的时间延迟积分 CCD 成像系统同步误差分析[J]. 应用光学, 2006, 27(2): 167-170.

第 5 章　空基对地观测系统中平台运动与遥感成像空间的映射关系

5.1　航空相机简介

遥感遥测是一项在航空航天领域应用非常普遍的技术，在遥感遥测设备中，由于空间相机具有高分辨率、高可靠性等优点，得到了广泛的应用[1-3]。20 世纪 50～60 年代以来，航空相机等电子侦察设备经历了几代的发展，其功能与性能得到了很大的提高与改善。在今天数字化战争时代，航空侦察作为现代化战争信息的主要来源，具有时效性强、机动性灵活等优点，不仅可以在同一时间发现多个目标，还可以对不同的目标实现跟踪与定位，进而实现有效的打击，所以航空侦察在现代战争中具有越来越重要的地位[4-7]。

5.1.1　航空相机分类

航空相机按用途可以分为普查相机和详查相机，其中，普查相机具有分辨力适中、覆盖面积大等特点，用于大范围侦察和监视；详查相机具有分辨力高的优势，适用于在普查的基础上对重点目标仔细观察分析[8]。按成像光谱范围，航空相机又可以分为可见光相机、红外相机、紫外相机和超光谱相机，其中，红外相机又分为近红外相机、中红外相机和远红外相机，紫外相机也有紫外和极紫外的区别。按成像介质，航空相机还可以分为胶片式航空相机和 CCD 式航空相机，其中，胶片式航空相机使用光敏介质记录成像，获得的图像进行后处理得到侦察信息；CCD 式航空相机则使用集成电子线路技术，将图像信息转化成电荷进行记录与传输，CCD 式航空相机按形式不同可以分为面阵分幅式相机与线阵 CCD 式航空相机。按拍照方式，航空相机则又可以分为推扫式相机、摆扫式相机和面阵相机等。

5.1.2　胶片式航空相机和 CCD 式航空相机

1) 胶片式航空相机

胶片式航空相机具有分辨率高、画幅尺寸大等优势，目前在役的航空相机中大部分是胶片式航空相机。美国最早开始研究航空军事侦察，并一直走在世界前列，早在 1922 年美国就生产出了 STRIP CAMERA 胶片式航空相机，第二次世界大战后开始大规模研制生产胶片式航空相机，时至今日美国在全球范围内获取情报等侦察信息能力仍处于领先地位。这里介绍具有代表性的 KS-146 相机与 KA-112A 相机。

在 1979 年芝加哥航空工业公司成功研制出了 KS-146 相机，20 世纪 80 年代初定型后批量生产。现在这种相机除了装备给美国海军与空军外，还出口到以色列、埃及、土耳其、中国等国家。KS-146 相机最为突出的特点是焦距长、照相分辨力高，同时它还集自动曝光控制、自动调焦控制、像移补偿控制、自动温度控制、主动稳像控制和微机控制等先进控制技术于一体，是一种先进的全自动化的画幅式航空相机。从外形来看，KS-146 相机有吊舱式和折叠式两种(折叠式后改名为 KS-157 相机)。KA-112A 相机是一种倾斜全景式相机，它利用相机镜筒的旋转实现对地面景物的全景扫描成像，焦距长，具有高空、大倾角与远距离侦察能力。这种相机是在 KA-99A 相机的基础上改进设计而成的。

图 5.1 为这两种型号相机的外观图片。同时，表 5.1 给出了这两种相机的焦距、相对孔径、曝光时间等多项主要性能参数对比情况。

(a) KS-146相机　　　　　　　　　　(b) KA-112A相机

图 5.1 两种胶片式航空相机的外观图片

表 5.1 KS-146 相机与 KA-112A 相机主要性能参数对比

性能参数	KS-146	KA-112A
焦距/mm	1676	1830
相对孔径	F5.6	F5.6
横向视场角/(°)	21.4	30
纵向视场角/(°)	3.9	3.5
快门	可变狭缝式焦面帘幕式快门	可变狭缝式焦面帘幕式快门
曝光时间/s	1/5000~1/30	1/5000~1/125
重叠率	12%或56%	扫描角 15°时纵向重叠 55%
分辨率/(线对/mm)	70 (目标对比度 20∶1)	84 (目标对比度 2∶1)
自动控制	自动像移补偿、自动检调焦、自动检调光	自动像移补偿、自动检调焦、自动检调光
胶片类型	EK3412	EK3412

续表

性能参数	KS-146	KA-112A
胶片容量/m	305	610
电源	交流 110V，400Hz，700VA	交流 110V，400Hz，520VA
质量/kg	423	288
外形尺寸	1524mm × 546mm × 914mm	2774mm × 594mm × 483mm

2) CCD 式航空相机

20 世纪 70 年代，自 Boyle 和 Smith 在贝尔实验室发明了 CCD 以来，几十年间 CCD 已经改变了人类的生活，并且推动了工业进步。同时，CCD 的各项性能也在不断提高，促进了 CCD 式航空相机的蓬勃发展，CCD 式航空相机的发展过程大致经历了三个阶段。这里介绍水平较高且具有代表性的 DB-110 相机和 CA-295 相机。

DB-110 相机是中高空可见、红外双波段航空相机，其拍照高度为 10000～80000ft，可昼夜侦察拍摄。它采用内部自稳定的稳像方式，在振荡剧烈的环境下仍可获得高分辨率图像。同时，DB-110 相机还具有大面积搜索、点目标捕获、目标跟踪和立体成像方式交错进行的能力[9]。CA-295 相机是一种中高空长焦距斜视光电相机，采用红外和可见光双波段同时或分别成像，CA-295 相机代表了当前航空相机领域的较高水准[10]。图 5.2 给出了 DB-110 与 CA-295 两种类型相机的外观图片。

(a) DB-110相机　　　　　　　　(b) CA-295相机

图 5.2　两种 CCD 式航空相机的外观图片

表 5.2 给出了 DB-110 相机与 CA-295 相机上安装的可见光与红外相机的性能参数对比情况。

表 5.2　DB-110 相机与 CA-295 相机主要性能参数对比

性能参数	DB-110		CA-295	
载荷种类	可见光	红外	可见光	红外
焦距/mm	2794	1397	1270，1829，213	127
相对孔径	F10	F5	F4，F5.8，F6.7	F4
单帧视场角	1.0°×1.05°	1.05°×0.5°	2.27°×2.27°，1.58°×1.58°，1.35°×1.35°	2.27°×2.27°
光谱范围/μm	0.4～1	3～5	0.5～0.9	3～5
CCD 类型	线阵	面阵	面阵	面阵
像元数	5120×64	1024×484	5040×5040	2016×2016
像元尺寸	10μm×10μm	25μm×25μm	10μm×10μm	25μm×25μm
最大帧速率/(帧/s)	2.5	2.5	4	4
飞行高度/m	3050～24380		15250	
质量/kg	140		181.6	
外形尺寸	1270mm×470mm×470mm		1224.6mm×508mm×508mm	
安装载体	黄蜂侦察机		F/A-18	

5.1.3　CCD 式航空相机成像类型与发展趋势

　　与 CCD 式航空相机相比，胶片式航空相机具有性能可靠、分辨率高、覆盖范围大、控制技术成熟等优点，但其自身存在结构复杂、附属设备多、获得图像时间长等缺陷；相比之下，CCD 式航空相机恰好能弥补胶片式航空相机的缺点，航空相机发展的整体趋势是 CCD 式航空相机占主导。

　　CCD 式航空相机的优点包括：①采用 CCD 做图像传感器，即利用一系列数字化存储压缩和无线电传输技术，这些技术可以帮助人们实时或近实时得到拍摄的场景信息，然后通过相机与飞机导航系统交联确定出目标的位置，为指挥部门分析判定目标提供技术支撑。尤其在今天战场信息瞬息万变、战机转瞬即逝的情况下，准确并及时地把握战机，并提供实时、超视距的情报对作战至关重要。②数字信号图像利用无线电实时传输成为可能；同时，实时或近实时的数字图像传输避免了返航后处理的风险。③集成电路以及大规模集成电路的高速发展，极大地减少了诸多机构，如储片、输片和收片等，在缩小了部件体积的同时使相机系统结构更加紧凑，可靠性更高。④相对胶片式航空相机，CCD 式航空相机具有更高的光谱响应范围。普通胶片的感光光谱波段为 500～700nm，而光电传感器的光谱带宽可达 500～900nm，在成像条件相对较差时，如有雾的情况，CCD 式航空相机依然能获得高信噪比的图像。CCD 式航空相机具有面阵与线阵两种类型，下面详细介绍面阵 CCD 式航空相机的分幅式成像与线阵 CCD 式航空相机的推扫式、摆扫式成像在航空相机成像中的应用。

1) 面阵 CCD 式航空相机分幅式成像

面阵 CCD 式航空相机成像与线阵 CCD 式航空相机成像有很大差别，面阵 CCD 式航空相机的分幅式成像过程如图 5.3 所示。

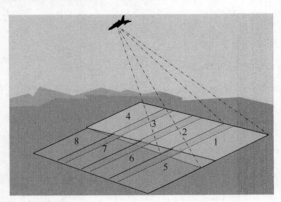

图 5.3 面阵 CCD 式航空相机的分幅式成像过程

线阵推扫式相机工作时，行与行之间的图像信息是从空间不同点获得的，再合成一幅图像。这种逐行的成像方式很容易导致图像失真，原因多是载机的姿态问题，如横滚、俯仰和偏航的差异。而采用面阵分幅式相机拍摄时，在空间一点拍摄即可获得整幅图像，因此面阵 CCD 式航空相机具有较高的几何保真度。另外，面阵 CCD 式航空相机还可以利用立体图像精确地跟踪目标。除此以外，面阵 CCD 式航空相机的分幅式成像方式在相同时间内比线阵 CCD 式航空相机能够获得的信息量更大，而且具有更大的地面覆盖宽度，所以在获取同等数量的信息时需要的时间比线阵相机短得多。

下面以美国的 CA-260 相机为例对分幅式成像与推扫式成像过程进行估算，证明面阵 CCD 式航空相机的分幅式成像方式的高效性。假定载机的飞行高度为 1000m，飞行速度为 890km/h，航空相机的焦距为 75mm，视场角为 26.5°，使用线阵 CCD 式航空相机推扫式成像拍摄一片长 3000m、宽 1000m 区域需要时间为 12.13s，而使用面阵 CCD 式航空相机分幅式成像仅需 1.85s，很大程度上节约了成像时间。这在侦察拍摄时是十分有利的，因为时间的缩短就意味着增加了载机与飞行员的生存能力。目前，国外的分幅式航空相机包括 CA-260、CA-261、CA-265、CA-270、CA-290、CA-295 等多款，其中 CA-270、CA-290、CA-295 为多波段分幅式航空相机，最先进的 CA-295 相机的样张如图 5.4 所示，其性能参数如表 5.3 所示。

(a) 可见光成像样张　　　　　　　　　　(b) 红外成像样张

图 5.4　CA-295 相机可见光与红外成像样张

表 5.3　CA-295 面阵 CCD 分幅式航空相机性能参数

性能参数	可见光	红外
焦距/mm	1270～2540	1270
相对孔径	F4～F8	F4
CCD 像元	5040×5040	2048×2048
像元尺寸	10μm×10μm	25μm×25μm
视场角	2.27°×2.27°	2.27°×2.27°
帧速率/(帧/s)	2.5	2.5
光谱范围/nm	500～900	3～5
覆盖率/((°)/s)	5.5	5.5
重叠率	10%/55%	10%/55%

2) 线阵 CCD 式航空相机扫描成像

线阵 CCD 式航空相机的像元分布仅有一列或者很少列,所以垂直其列像元方向上的视场极其狭窄,如果想利用线阵 CCD 成像就必须使相机发生位移。根据相机运动方式不同,线阵 CCD 式航空相机分为推扫式与摆扫式两种成像方式。线阵 CCD 式航空相机推扫式成像过程如图 5.5 所示。

线阵 CCD 式航空相机采用推扫式成像时,利用飞机的前向飞行即可保持相机与待成像地面产生相对运动,通过控制线阵 CCD 式航空相机的积分时间与飞机的飞行速度,就能够在像面呈现清晰的图像。但是采用推扫式成像的线阵 CCD 式航空相机不能同时兼顾以下两点:一是采用与面阵相机同样的分幅式工作的条

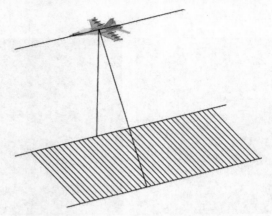

图 5.5　线阵 CCD 式航空相机推扫式成像

件；二是保持 CCD 曝光时间与飞行速度之间的关系。而且飞行过程中容易受各种外部因素影响使图像产生各种像移，所以其使用具有一定的局限性。

　　线阵 CCD 式航空相机摆扫式成像过程如图 5.6 所示。摆扫式成像与推扫式成像、分幅式成像有很大的不同，它并不利用飞行的速度作为相机与地面的相对运动，而是相机自身有相应的摆动机构带动相机与地面产生相对位移从而成像。由于其摆扫机构的独立性，摆扫式成像的好处在于其成像过程并不像推扫式成像那样过分依赖于飞行速度与飞行姿态。当然，相对于推扫式成像，摆扫式成像的前向像移较严重。

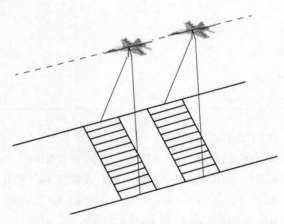

图 5.6　线阵 CCD 式航空相机摆扫式成像

3) TDICCD 式航空相机扫描成像

　　对于胶片式航空相机和 CCD 式航空相机，无论使用分幅式成像还是扫描式成像，像移在航空相机成像中都无法避免，国内外专家学者在像移补偿上开展了大量的研究。根据线阵 CCD 的特点，在 CCD 运动方向上的像移容易克服，但是其余方向上的像移依然存在。同时，如果通过降低大量积分时间来减少像移，容易造成图像亮度不够，导致图像信噪比偏低。TDICCD 作为一种新的成像器件，原理与普通 CCD 类似，但与普通 CCD 相比,其具有独特的结构与电荷转移方式，这些优势使它在航空相机中得到了广泛应用。TDICCD 的行数称为延迟积分的级数(m)，它的列数为 CCD 一行的像元数。TDICCD 的一个最为突出的特点就是在运动中成像[11]。TDICCD 的成像过程如图 5.7 所示,在沿 CCD 列方向推扫过程中，第一个积分周期内，目标在某列的第一个像元进行曝光积分，得到的光生电荷不像普通 CCD 一样马上读出，而是转向下一个像元。在第二个积分周期内，目标恰好移动该列的第二个像元进行曝光积分，得到的电荷与上一个像元转移来的电荷相加再移动到下一个像元，以此类推，直到第 m 个积分周期时，目标已经移到第 m 个像元进行曝光积分。第 m 个积分周期结束时，第 m 个像元产生的光生电荷与前 $m-1$ 个像元的电荷相加后读入寄存器，读出过程与普通 CCD 一样，电荷转移靠外同步信号触发。

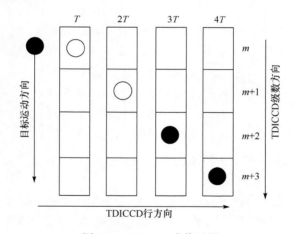

图 5.7　TDICCD 成像过程

　　然而，TDICCD 式航空相机在扫描成像过程中依然存在像移，需要使用相应的外部机构与电路进行像移补偿。同时，由于航空相机的焦距一般很长，还需要使用折反式光路。TDICCD 式航空相机在扫描成像的过程中，通过旋转安装的扫描反射镜来补偿飞机前向飞行、俯仰、偏航引起的像移；同时，其余外部机构，如镜筒编码器与横滚控制机构用来补偿旋转像移与横滚像移。TDICCD 的像移大小以及像移与其他变量之间的关系将在 5.3.2 节进行详细的介绍。

5.2　平台复杂运动与成像像移的关系

5.2.1　空基平台复杂运动与无像移型相机成像像移的映射关系

为了测量航空相机的位移，需要在 4 个减振器上安装线位移传感器，通过分析位移值解算出相机与飞机之间的几何关系，再结合飞机的飞行速度、姿态变化量得到物体与相机的相对运动量。采用齐次坐标变换的方法计算空基平台复杂运动与相机成像像移的映射关系，将地面物体在地理坐标系中的位置对应变换成像面坐标系中的像坐标，就可以得到像移的分析表达式或计算模型。航空相机成像过程的坐标变换分为 4 个阶段：地面物体到飞机的坐标变换、飞机到光电平台的坐标变换、光电平台到相机的坐标变换、相机到像面的坐标变换。

(1) 地面物体到飞机的坐标变换由飞机速度、高度和姿态决定，变换矩阵 M_1 为

$$M_1 = \begin{bmatrix} \cos\theta & 0 & -\sin\theta & 0 \\ 0 & 1 & 0 & 0 \\ \sin\theta & 0 & \cos\theta & 0 \\ 0 & 0 & 0 & 1 \end{bmatrix} \begin{bmatrix} 1 & 0 & 0 & 0 \\ 0 & \cos\varphi & \sin\varphi & 0 \\ 0 & -\sin\varphi & \cos\varphi & 0 \\ 0 & 0 & 0 & 1 \end{bmatrix}$$

$$\cdot \begin{bmatrix} \cos\psi & \sin\psi & 0 & 0 \\ -\sin\psi & \cos\psi & 0 & 0 \\ 0 & 0 & 1 & 0 \\ 0 & 0 & 0 & 1 \end{bmatrix} \begin{bmatrix} 1 & 0 & 0 & 0 \\ 0 & 1 & 0 & -vt \\ 0 & 0 & 1 & -H \\ 0 & 0 & 0 & 1 \end{bmatrix} \tag{5-1}$$

式中，H 是飞机飞行高度；v 为飞机飞行速度；ψ、θ、φ 分别为飞机的偏航角、俯仰角和横滚角。

(2) 飞机到光电平台的坐标变换矩阵 M_2。由于光电平台通过减振设备与飞机相连(非刚性连接)，相机与飞机平台会产生相对运动，所以在 4 个减振器上安装 5 个线位移传感器，通过分析 5 个位移值可以解算出光电平台与飞机之间的几何关系。设飞机坐标系为 $F = (F_1, F_2, F_3)$，将光电平台与飞机平台的相对运动分解为沿 F 的三个坐标轴的平移与旋转运动，不需要考虑绕 F_2 的旋转运动，5 个线位移传感器安装位置在 F 坐标系里齐次坐标矩阵为

$$F = \begin{bmatrix} f_{11} & f_{12} & f_{13} & f_{14} & f_{15} \\ f_{21} & f_{22} & f_{23} & f_{24} & f_{25} \\ f_{31} & f_{32} & f_{33} & f_{34} & f_{35} \\ 1 & 1 & 1 & 1 & 1 \end{bmatrix} \tag{5-2}$$

飞机到光电平台的坐标变换矩阵为

$$
M_2 = \begin{bmatrix} f/H & 0 & 0 & 0 \\ 0 & f/H & 0 & 0 \\ 0 & 0 & f/H & 0 \\ 0 & 0 & 0 & 1 \end{bmatrix} \begin{bmatrix} 1 & 0 & 0 & 0 \\ 0 & \cos b & \sin b & 0 \\ 0 & -\sin b & \cos b & 0 \\ 0 & 0 & 0 & 1 \end{bmatrix}
$$
$$
\cdot \begin{bmatrix} \cos a & 0 & -\sin a & 0 \\ 0 & 1 & 0 & 0 \\ \sin a & 0 & \cos a & 0 \\ 0 & 0 & 0 & 1 \end{bmatrix} \begin{bmatrix} 1 & 0 & 0 & -x \\ 0 & 1 & 0 & -y \\ 0 & 0 & 1 & -h \\ 0 & 0 & 0 & 1 \end{bmatrix}
$$
(5-3)

式中，x、y、h 分别为沿 F_3 向上的平移量、沿 F_1 向正方向的平移量、沿 F_2 向正方向的平移量；a 为绕 F_2 旋转的角度值；b 为绕 F_1 旋转的角度值；f 为焦距。

　　F 经过变换矩阵 M_2 后，得到 5 个线位移传感器在 P 坐标系里的坐标值，根据 5 个线位移传感器安装位置在两个坐标系里的坐标表达式，可解出 5 个线位移传感器的位移值，进而得到 5 个非线性方程组，即可解得坐标变换矩阵 M_2。

　　(3) 光电平台到相机的坐标变换矩阵 M_3 为

$$
M_3 = M_{32} M_{31} = \begin{bmatrix} \cos\alpha & \sin\alpha & 0 & 0 \\ -\sin\alpha\cos\beta & \cos\alpha\cos\beta & \sin\beta & 0 \\ \sin\alpha\sin\beta & -\cos\alpha\sin\beta & \cos\beta & 0 \\ 0 & 0 & 0 & 1 \end{bmatrix}
$$
(5-4)

式中，α 为相机方位角；β 为相机俯仰角。

　　(4) 相机到像面的坐标变换矩阵 M_4 为

$$
M_4 = \begin{bmatrix} 1 & 0 & 0 & 0 \\ 0 & 1 & 0 & 0 \\ 0 & 0 & 1 & -f \\ 0 & 0 & 0 & 1 \end{bmatrix}
$$
(5-5)

　　(5) 从地面物体到像面的坐标变换矩阵为 $M = M_4 M_3 M_2 M_1$，即地面物体坐标系中的点 $(g_1, g_2, 0)$ 到像面上点 (p_1, p_2, p_3) 满足：

$$
\begin{bmatrix} p_1 \\ p_2 \\ p_3 \\ 1 \end{bmatrix} = \begin{bmatrix} 1 & 0 & 0 & 0 \\ 0 & 1 & 0 & 0 \\ 0 & 0 & 1 & -f \\ 0 & 0 & 0 & 1 \end{bmatrix} \begin{bmatrix} 1 & 0 & 0 & 0 \\ 0 & \cos\beta & \sin\beta & 0 \\ 0 & -\sin\beta & \cos\beta & 0 \\ 0 & 0 & 0 & 1 \end{bmatrix} \begin{bmatrix} \cos\alpha & \sin\alpha & 0 & 0 \\ -\sin\alpha & \cos\alpha & 0 & 0 \\ 0 & 0 & 1 & 0 \\ 0 & 0 & 0 & 1 \end{bmatrix}
$$

$$\cdot \begin{bmatrix} f/H & 0 & 0 & 0 \\ 0 & f/H & 0 & 0 \\ 0 & 0 & f/H & 0 \\ 0 & 0 & 0 & 1 \end{bmatrix} \begin{bmatrix} 1 & 0 & 0 & 0 \\ 0 & \cos b & \sin b & 0 \\ 0 & -\sin b & \cos b & 0 \\ 0 & 0 & 0 & 1 \end{bmatrix} \begin{bmatrix} \cos a & \sin a & 0 & 0 \\ -\sin a & \cos a & 0 & 0 \\ 0 & 0 & 1 & 0 \\ 0 & 0 & 0 & 1 \end{bmatrix}$$

$$\cdot \begin{bmatrix} 1 & 0 & 0 & -x \\ 0 & 1 & 0 & -y \\ 0 & 0 & 1 & -h \\ 0 & 0 & 0 & 1 \end{bmatrix} \begin{bmatrix} \cos\varphi & 0 & -\sin\varphi & 0 \\ 0 & 1 & 0 & 0 \\ \sin\varphi & 0 & \cos\varphi & 0 \\ 0 & 0 & 0 & 1 \end{bmatrix} \begin{bmatrix} 1 & 0 & 0 & 0 \\ 0 & \cos\theta & \sin\theta & 0 \\ 0 & -\sin\theta & \cos\theta & 0 \\ 0 & 0 & 0 & 1 \end{bmatrix} \quad (5\text{-}6)$$

$$\cdot \begin{bmatrix} \cos\psi & \sin\psi & 0 & 0 \\ -\sin\psi & \cos\psi & 0 & 0 \\ 0 & 0 & 1 & 0 \\ 0 & 0 & 0 & 1 \end{bmatrix} \begin{bmatrix} 1 & 0 & 0 & 0 \\ 0 & 1 & 0 & -vt \\ 0 & 0 & 1 & -H \\ 0 & 0 & 0 & 1 \end{bmatrix} \begin{bmatrix} g_1 \\ g_2 \\ 0 \\ 1 \end{bmatrix}$$

(6) 像面中心点像移公式推导。像移是在 CCD 曝光时间 τ 内，像面坐标 $P_{t=\tau}$ 与 $P_{t=0}$ 的差值，像移 $S_p = P_{t=\tau} - P_{t=0}$。若记 $\varphi = \varphi_0 + \dot\varphi\tau$，$\theta = \theta_0 + \dot\theta\tau$，$\psi = \psi_0 + \dot\psi\tau$，则 $P_{t=\tau}$ 与 $P_{t=0}$ 可表示为

$$P_{t=\tau} = \begin{bmatrix} S_{P_1} \\ S_{P_2} \\ S_{P_3} \\ 1 \end{bmatrix} = \begin{bmatrix} f/H & 0 & 0 & 0 \\ 0 & f/H & 0 & 0 \\ 0 & 0 & f/H & 0 \\ 0 & 0 & 0 & 1 \end{bmatrix} \begin{bmatrix} 1 & 0 & 0 & 0 \\ 0 & 1 & 0 & 0 \\ 0 & 0 & 1 & -f \\ 0 & 0 & 0 & 1 \end{bmatrix} \begin{bmatrix} 1 & 0 & 0 & 0 \\ 0 & \cos\beta & \sin\beta & 0 \\ 0 & -\sin\beta & \cos\beta & 0 \\ 0 & 0 & 0 & 1 \end{bmatrix}$$

$$\cdot \begin{bmatrix} \cos\alpha & \sin\alpha & 0 & 0 \\ -\sin\alpha & \cos\alpha & 0 & 0 \\ 0 & 0 & 1 & 0 \\ 0 & 0 & 0 & 1 \end{bmatrix} \begin{bmatrix} 1 & 0 & 0 & 0 \\ 0 & \cos b & \sin b & 0 \\ 0 & -\sin b & \cos b & 0 \\ 0 & 0 & 0 & 1 \end{bmatrix} \begin{bmatrix} \cos a & \sin a & 0 & 0 \\ -\sin a & \cos a & 0 & 0 \\ 0 & 0 & 1 & 0 \\ 0 & 0 & 0 & 1 \end{bmatrix}$$

$$\cdot \begin{bmatrix} 1 & 0 & 0 & -x \\ 0 & 1 & 0 & -y \\ 0 & 0 & 1 & -h \\ 0 & 0 & 0 & 1 \end{bmatrix} \begin{bmatrix} \cos(\varphi_0 + \dot\varphi\tau) & 0 & -\sin(\varphi_0 + \dot\varphi\tau) & 0 \\ 0 & 1 & 0 & 0 \\ \sin(\varphi_0 + \dot\varphi\tau) & 0 & \cos(\varphi_0 + \dot\varphi\tau) & 0 \\ 0 & 0 & 0 & 1 \end{bmatrix}$$

$$\cdot \begin{bmatrix} 1 & 0 & 0 & 0 \\ 0 & \cos(\theta_0 + \dot\theta\tau) & \sin(\theta_0 + \dot\theta\tau) & 0 \\ 0 & -\sin(\theta_0 + \dot\theta\tau) & \cos(\theta_0 + \dot\theta\tau) & 0 \\ 0 & 0 & 0 & 1 \end{bmatrix} \begin{bmatrix} \cos(\psi_0 + \dot\psi\tau) & \sin(\psi_0 + \dot\psi\tau) & 0 & 0 \\ -\sin(\psi_0 + \dot\psi\tau) & \cos(\psi_0 + \dot\psi\tau) & 0 & 0 \\ 0 & 0 & 1 & 0 \\ 0 & 0 & 0 & 1 \end{bmatrix}$$

$$\cdot \begin{bmatrix} 1 & 0 & 0 & 0 \\ 0 & 1 & 0 & -v\tau \\ 0 & 0 & 1 & -H \\ 0 & 0 & 0 & 1 \end{bmatrix} \begin{bmatrix} 0 \\ 0 \\ 0 \\ 1 \end{bmatrix}$$

$$(5\text{-}7)$$

$$P_{t=0} = \begin{bmatrix} p_1 \\ p_2 \\ p_3 \\ 1 \end{bmatrix} = \begin{bmatrix} f/H & 0 & 0 & 0 \\ 0 & f/H & 0 & 0 \\ 0 & 0 & f/H & 0 \\ 0 & 0 & 0 & 1 \end{bmatrix} \begin{bmatrix} 1 & 0 & 0 & 0 \\ 0 & 1 & 0 & 0 \\ 0 & 0 & 1 & -f \\ 0 & 0 & 0 & 1 \end{bmatrix} \begin{bmatrix} 1 & 0 & 0 & 0 \\ 0 & \cos\beta_0 & \sin\beta_0 & 0 \\ 0 & -\sin\beta_0 & \cos\beta_0 & 0 \\ 0 & 0 & 0 & 1 \end{bmatrix}$$

$$\cdot \begin{bmatrix} \cos\alpha_0 & \sin\alpha_0 & 0 & 0 \\ -\sin\alpha_0 & \cos\alpha_0 & 0 & 0 \\ 0 & 0 & 1 & 0 \\ 0 & 0 & 0 & 1 \end{bmatrix} \begin{bmatrix} 1 & 0 & 0 & 0 \\ 0 & \cos b_0 & \sin b_0 & 0 \\ 0 & -\sin b_0 & \cos b_0 & 0 \\ 0 & 0 & 0 & 1 \end{bmatrix} \begin{bmatrix} \cos a_0 & \sin a_0 & 0 & 0 \\ -\sin a_0 & \cos a_0 & 0 & 0 \\ 0 & 0 & 1 & 0 \\ 0 & 0 & 0 & 1 \end{bmatrix}$$

$$\cdot \begin{bmatrix} 1 & 0 & 0 & 0 \\ 0 & 1 & 0 & 0 \\ 0 & 0 & 1 & 0 \\ 0 & 0 & 0 & 1 \end{bmatrix} \begin{bmatrix} \cos\varphi_0 & 0 & -\sin\varphi_0 & 0 \\ 0 & 1 & 0 & 0 \\ \sin\varphi_0 & 0 & \cos\varphi_0 & 0 \\ 0 & 0 & 0 & 1 \end{bmatrix} \begin{bmatrix} 1 & 0 & 0 & 0 \\ 0 & \cos\theta_0 & \sin\theta_0 & 0 \\ 0 & -\sin\theta_0 & \cos\theta_0 & 0 \\ 0 & 0 & 0 & 1 \end{bmatrix}$$

$$\cdot \begin{bmatrix} \cos\psi_0 & \sin\psi_0 & 0 & 0 \\ -\sin\psi_0 & \cos\psi_0 & 0 & 0 \\ 0 & 0 & 1 & 0 \\ 0 & 0 & 0 & 1 \end{bmatrix} \begin{bmatrix} 1 & 0 & 0 & 0 \\ 0 & 1 & 0 & 0 \\ 0 & 0 & 1 & -H \\ 0 & 0 & 0 & 1 \end{bmatrix} \begin{bmatrix} g_1 \\ g_2 \\ 0 \\ 1 \end{bmatrix}$$

$$(5\text{-}8)$$

对上述各式进行化简，得到像移表达式如下所示：

$$
\begin{aligned}
S_{p1} = {} & f/H(\cos\alpha(\cos a(-v\tau\cos\varphi\sin\psi - (v\tau\sin\theta\cos\psi - H\cos\theta)\sin\varphi - x) \\
& + \sin a(-v\tau\cos\theta\cos\psi - H\sin\theta - y)) + \sin\alpha(\cos b(-\sin a(-v\tau\cos\varphi\sin\psi \\
& - \sin\varphi(v\tau\sin\theta\cos\psi - H\cos\theta) - x) + \cos a(-v\tau\cos\theta\cos\psi - H\sin\theta \\
& - y)) + \sin b(-v\tau\sin\varphi\sin\psi + \cos\varphi(v\tau\sin\theta\cos\psi - H\cos\theta) - h))) \\
& - f/H(\cos\alpha_0(H\cos a_0\sin\varphi_0\cos\theta_0 - H\sin a_0\sin\theta_0) + \sin\alpha_0(\cos b_0 \\
& (-H\sin a_0\sin\varphi_0\cos\theta_0 - H\cos a_0\sin\theta_0) - H\sin b_0\cos\varphi_0\cos\theta_0))
\end{aligned}
$$

$$(5\text{-}9)$$

$$
\begin{aligned}
S_{p2} = {} & f/H(\cos\beta(-\sin\alpha(\cos a(-v\tau\cos\varphi\sin\psi - \sin\varphi(v\tau\sin\theta\cos\psi - H\cos\theta) - x) \\
& + \sin a(-v\tau\cos\theta\cos\psi - H\sin\theta - y)) + \cos\alpha(\cos b(-\sin a(-v\tau\cos\varphi\sin\psi \\
& - \sin\varphi(v\tau\sin\theta\cos\psi - H\cos\theta) - x) + \cos a(-v\tau\cos\theta\cos\psi - H\sin\theta - y)) \\
& + \sin b(-v\tau\sin\varphi\sin\psi + \cos\varphi(v\tau\sin\theta\cos\psi - H\cos\theta) - h))) \\
& + \sin\beta(-\sin b(-\sin a(-v\tau\cos\varphi\sin\psi - \sin\varphi(v\tau\sin\theta\cos\psi - H\cos\theta) - x)
\end{aligned}
$$

$$+\cos a(-v\tau\cos\theta\cos\psi - H\sin\theta - y)) + \cos b(-v\tau\sin\varphi\sin\psi$$
$$+\cos\varphi(v\tau\sin\theta\cos\psi - H\cos\theta) - h))) - f / H(\cos\varphi_0(-\sin\alpha_0(H\cos a_0\sin\varphi_0\cos\theta_0$$
$$-H\sin a_0\sin\theta_0) + \cos\alpha_0(\cos b_0(-H\sin a_0\sin\varphi_0\cos\theta_0 - H\cos a_0\sin\theta_0)$$
$$-H\sin b_0\cos\varphi_0\cos\theta_0)) + \sin\beta_0(-\sin b_0(-H\sin a_0\sin\varphi_0\cos\theta_0 - H\cos a_0\sin\theta_0)$$
$$-H\cos b_0\cos\varphi_0\cos\theta_0))$$

$$(5\text{-}10)$$

(7) 像移分析。为了分析每个分量对像移的影响，可以假定部分参数为固定值，分析其余参数对系统像移的影响，这里使用 MATLAB 对系统进行分析，假定系统的固定参数如表 5.4 所示。

表 5.4　仿真系统参数分布

参数	取值
CCD 曝光时间/s	0.005
飞机的飞行高度/m	1000
飞机的飞行速度/(m/s)	120
相机焦距/m	1.5
像元尺寸大小/mm	0.013

固定俯仰角为 $\beta = 45°$，由于平台中使用减振器，令 $x = y = h = 0$，$a = b = 5°$，同时假定飞机无初始横滚角度，即 $\varphi_0 = 0°$，分别讨论平台方位角 $\alpha = 0°$，$90°$ 时，不同飞行姿态对像移的影响，具体结果如表 5.5 所示。

通过分析，列出相机分别处于 $\alpha = 0°$、$\beta = 45°$ 和 $\alpha = 90°$、$\beta = 45°$ 时，8 种空基平台角速度下，像移 S_{p1} 和像移 S_{p2} 的最大值。相机处于 $\alpha = 0°$、$\beta = 45°$ 时，S_{p1} 代表横向像移，S_{p2} 代表前向像移，横滚角速度对于横向像移 S_{p1} 影响最大，随着方位角 ψ_0 的增大，飞机平飞对横向像移 S_{p1} 影响逐渐增大，俯仰角速度对横向像移 S_{p1} 影响不大；飞机平飞对前向像移 S_{p2} 的影响最大，俯仰角速度对前向像移 S_{p2} 的影响次之，横滚角速度对前向像移 S_{p2} 的影响不大，方位角速度对前向像移 S_{p2} 几乎无影响。相机处于 $\alpha = 90°$、$\beta = 45°$ 时，S_{p1} 代表前向像移，而 S_{p2} 代表横向像移，飞机平飞对前向像移 S_{p1} 的影响最大，方位角速度对前向像移 S_{p1} 的影响次之，横滚角速度和俯仰角速度对前向像移 S_{p1} 的影响不大；横滚角速度对横向像移 S_{p2} 影响最大，随着方位角度 ψ_0 的增大，飞机平飞对横向像移影响逐渐增大，俯仰角速度对横向像移 S_{p2} 影响不大。

表 5.5 不同飞行姿态对像移的影响

姿态角	像移量	姿态角速度/((°)/s)	像移量最大值/mm	初始角度 θ_0/(°)	初始角度 ψ_0/(°)
$\alpha=0°$ $\beta=45°$	S_{p1}	$\dot{\varphi}=5$, $\dot{\theta}=0$ 或 3, $\dot{\psi}=0$	0.6206	0	−4
		$\dot{\varphi}=5$, $\dot{\theta}=0$ 或 3, $\dot{\psi}=3$	0.6201	0	−4
		$\dot{\varphi}=0$, $\dot{\theta}=0$ 或 3, $\dot{\psi}=0$	0.2816	0	4
		$\dot{\varphi}=0$, $\dot{\theta}=0$ 或 3, $\dot{\psi}=3$	0.2820	0	4
	S_{p2}	$\dot{\varphi}=5$, $\dot{\theta}=0$, $\dot{\psi}=0$ 或 3	1.2496	−4	−4
		$\dot{\varphi}=5$, $\dot{\theta}=3$, $\dot{\psi}=0$ 或 3	1.2861	−4	−4
		$\dot{\varphi}=0$, $\dot{\theta}=0$, $\dot{\psi}=0$ 或 3	1.2500	−4	−4
		$\dot{\varphi}=0$, $\dot{\theta}=3$, $\dot{\psi}=0$ 或 3	1.2864	−4	−4
$\alpha=90°$ $\beta=45°$	S_{p1}	$\dot{\varphi}=5$, $\dot{\theta}=3$, $\dot{\psi}=0$ 或 3	1.2861	−4	−4
		$\dot{\varphi}=0$, $\dot{\theta}=0$, $\dot{\psi}=0$ 或 3	1.2500	−4	−4
		$\dot{\varphi}=0$, $\dot{\theta}=3$, $\dot{\psi}=0$ 或 3	1.2864	−4	−4
		$\dot{\varphi}=0$ 或 3, $\dot{\psi}=3$	1.8561	−4	−4
		$\dot{\varphi}=0$, $\dot{\theta}=3$, $\dot{\psi}=0$	1.7994	−4	−4
	S_{p2}	$\dot{\varphi}=5$, $\dot{\theta}=0$, $\dot{\psi}=0$	0.4119	−4	−4
		$\dot{\varphi}=5$, $\dot{\theta}=3$, $\dot{\psi}=3$	0.4113	−4	−4
		$\dot{\varphi}=5$, $\dot{\theta}=0$, $\dot{\psi}=3$	0.4116	−4	−4
		$\dot{\varphi}=5$, $\dot{\theta}=3$, $\dot{\psi}=0$	0.4116	−4	−4
		$\dot{\varphi}=0$, $\dot{\theta}=0$, $\dot{\psi}=0$	0.3963	4	4
		$\dot{\varphi}=0$, $\dot{\theta}=3$, $\dot{\psi}=3$	0.3970	4	4
		$\dot{\varphi}=0$, $\dot{\theta}=0$, $\dot{\psi}=3$	0.3967	4	4
		$\dot{\varphi}=0$, $\dot{\theta}=3$, $\dot{\psi}=0$	0.3967	4	4

5.2.2 空基平台复杂运动与 TDICCD 推扫式相机成像像移的映射关系

1) 坐标系定义

如图 5.8 所示，从地面物体到像面的变换共建立如下三个坐标系：地面物体坐标系 $G(G_1,G_2,G_3)$，其中，G_2 轴的指向与飞机航向平行，G_3 轴指向天顶，G_1 轴在地平面内与 G_2 轴垂直。相机坐标系 $C(C_1,C_2,C_3)$，地面物体坐标系 G 沿 G_1 轴平移 $-m_1$，沿 G_3 轴平移 H，沿 G_2 轴平移 $-m_2+V_s t$，就能得到相机坐标系 C。因

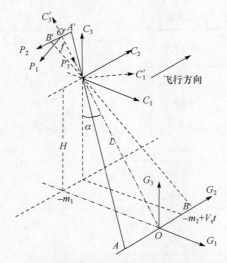

图 5.8　地面物体到像面的坐标变换示意图

飞机与相机一体，飞机姿态发生变化后，相机也随着变化。飞机的三轴姿态角为偏航角 ψ、俯仰角 θ 和横滚角 φ，其中，ψ 为绕 C_3 轴的转角，θ 为绕 C_1 轴的转角，φ 为绕 C_2 轴的转角。为分析简便，这里忽略了飞机振动产生的影响。像面坐标系 $P(P_1, P_2, P_3)$，相机坐标系 C 绕 C_2 轴旋转角度为 $-\alpha$，此时 C_3 轴变为 C_3' 轴，C_1 轴变为 C_1' 轴，沿 C_3' 轴平移 $-f$，各轴同时缩小 $-f/L$ 倍得到像面坐标系 P。

2）像面位置方程

通过坐标变换可以得到从地面物体点到像面坐标系的像点位置方程，其表示形式为

$$
P = \begin{bmatrix} p_1 \\ p_2 \\ p_3 \\ 1 \end{bmatrix} = \begin{bmatrix} -f/L & 0 & 0 & 0 \\ 0 & -f/L & 0 & 0 \\ 0 & 0 & -f/L & f \\ 0 & 0 & 0 & 1 \end{bmatrix} \begin{bmatrix} \cos\alpha & 0 & \sin\alpha & 0 \\ 0 & 1 & 0 & 0 \\ -\sin\alpha & 0 & \cos\alpha & 0 \\ 0 & 0 & 0 & 1 \end{bmatrix}
$$

$$
\cdot \begin{bmatrix} \cos\varphi & 0 & -\sin\varphi & 0 \\ 0 & 1 & 0 & 0 \\ \sin\varphi & 0 & \cos\varphi & 0 \\ 0 & 0 & 0 & 1 \end{bmatrix} \begin{bmatrix} 1 & 0 & 0 & 0 \\ 0 & \cos\theta & \sin\theta & 0 \\ 0 & -\sin\theta & \cos\theta & 0 \\ 0 & 0 & 0 & 1 \end{bmatrix}
$$

$$
\cdot \begin{bmatrix} \cos\psi & \sin\psi & 0 & 0 \\ -\sin\psi & \cos\psi & 0 & 0 \\ 0 & 0 & 1 & 0 \\ 0 & 0 & 0 & 1 \end{bmatrix} \begin{bmatrix} 1 & 0 & 0 & m_1 \\ 0 & 1 & 0 & m_2 - V_s t \\ 0 & 0 & 1 & -H \\ 0 & 0 & 0 & 1 \end{bmatrix} \begin{bmatrix} g_1 \\ g_2 \\ 0 \\ 1 \end{bmatrix} \tag{5-11}
$$

将式(5-11)展开为

$$
\begin{aligned}
p_1 = \frac{f}{L} & ((((\cos\alpha\sin\varphi - \sin\alpha\cos\varphi)\sin\theta\sin\psi + (-\cos\alpha\cos\varphi - \sin\alpha\sin\varphi)\cos\psi)g_1 \\
& + (-\cos\alpha\sin\varphi + \sin\alpha\cos\varphi)\sin\theta\cos\varphi + (-\cos\alpha\cos\varphi - \sin\alpha\sin\varphi)\sin\psi)g_2 \\
& + ((-\cos\alpha\sin\varphi + \sin\alpha\cos\varphi)\sin\theta\cos\psi + (-\cos\alpha\cos\varphi - \sin\alpha\sin\varphi)\sin\psi) \\
& \cdot (m_1 - V_s t) - ((-\cos\alpha\sin\varphi + \sin\alpha\cos\varphi) + (\cos\alpha\cos\varphi + \sin\alpha\sin\varphi)\cos\psi)m_2 \\
& - (\cos\alpha\sin\varphi - \sin\alpha\cos\varphi)\cos\theta H)
\end{aligned}
$$

$$
\tag{5-12}
$$

$$p_2 = \frac{fg_1}{L}\sin\psi\cos\theta - \frac{fg_2}{L}\cos\theta\cos\psi + \frac{fm_1}{L}\sin\psi\cos\theta$$
$$-\frac{f}{L}\cos\theta\cos\psi(m_2 - V_s t) + \frac{f}{L}H\sin\theta \tag{5-13}$$

式(5-12)和式(5-13)就是地面物体位置 $G(g_1,g_2)$ 在像面上 $P(P_1,P_2)$ 点的位置方程。

上述两个公式中，令 $m_1 = 0$，$m_2 = 0$，则 $L = H$。将 $t = 0$、$g_1 = 0$、$g_2 = 0$、$m_1 = 0$ 与 $m_2 = 0$ 代入上述公式中，就可解出 $t = 0$ 时，地面物体位置 $G(0,0)$ 在像面上 $P_t(p_1,p_2)$ 点的位置方程，即

$$P_{t=0} = \begin{bmatrix} p_1 \\ p_2 \\ p_3 \\ 1 \end{bmatrix} = \begin{bmatrix} 0 \\ 0 \\ p_3 \\ 1 \end{bmatrix} = \begin{bmatrix} -f/L & 0 & 0 & 0 \\ 0 & -f/L & 0 & 0 \\ 0 & 0 & -f/L & f \\ 0 & 0 & 0 & 1 \end{bmatrix} \begin{bmatrix} \cos\alpha_0 & 0 & \sin\alpha_0 & 0 \\ 0 & 1 & 0 & 0 \\ -\sin\alpha_0 & 0 & \cos\alpha_0 & 0 \\ 0 & 0 & 0 & 1 \end{bmatrix}$$
$$\cdot \begin{bmatrix} \cos\varphi_0 & 0 & -\sin\varphi_0 & 0 \\ 0 & 1 & 0 & 0 \\ \sin\varphi_0 & 0 & \cos\varphi_0 & 0 \\ 0 & 0 & 0 & 1 \end{bmatrix} \begin{bmatrix} 1 & 0 & 0 & 0 \\ 0 & \cos\theta_0 & \sin\theta_0 & 0 \\ 0 & -\sin\theta_0 & \cos\theta_0 & 0 \\ 0 & 0 & 0 & 1 \end{bmatrix} \tag{5-14}$$
$$\cdot \begin{bmatrix} \cos\psi_0 & \sin\psi_0 & 0 & 0 \\ -\sin\psi_0 & \cos\psi_0 & 0 & 0 \\ 0 & 0 & 1 & 0 \\ 0 & 0 & 0 & 1 \end{bmatrix} \begin{bmatrix} 1 & 0 & 0 & 0 \\ 0 & 1 & 0 & 0 \\ 0 & 0 & 1 & -H \\ 0 & 0 & 0 & 1 \end{bmatrix} \begin{bmatrix} 0 \\ 0 \\ 0 \\ 1 \end{bmatrix}$$

将式(5-14)简化，得

$$p_1 = -\frac{f}{L}H(\cos\alpha_0\sin\varphi_0 - \sin\alpha_0\cos\varphi_0)\cos\theta_0 \tag{5-15}$$

$$p_2 = \frac{f}{L}H\sin\theta_0 \tag{5-16}$$

3) 像面中心点像移推导

在建立相机坐标系时，假定在 $t = 0$ 时，相机的光轴指向 $G(0,0)$ 点，则经过曝光时间 τ 后，物点 $G(0,0)$ 在像面上的像移量可用 $S_p = P_{t=\tau} - P_{t=0}$ 表示，其中 $P_{t=0}$ 为 $t = 0$ 时，地面物体位置 $G(0,0)$ 在像面上的位置 $P_t(p_1,p_2)$。$P_{t=\tau}$ 为经过曝光时间 τ 后地面物体位置 $G(0,0)$ 在像面上的位置，可以表示为

$$P_{t=\tau} = \begin{bmatrix} S_{p_1} \\ S_{p_2} \\ S_{p_3} \\ 1 \end{bmatrix} = \begin{bmatrix} -f/L & 0 & 0 & 0 \\ 0 & -f/L & 0 & 0 \\ 0 & 0 & -f/L & f \\ 0 & 0 & 0 & 1 \end{bmatrix} \begin{bmatrix} \cos(\alpha_0 + \dot\alpha\tau) & 0 & \sin(\alpha_0 + \dot\alpha\tau) & 0 \\ 0 & 1 & 0 & 0 \\ -\sin(\alpha_0 + \dot\alpha\tau) & 0 & \cos(\alpha_0 + \dot\alpha\tau) & 0 \\ 0 & 0 & 0 & 1 \end{bmatrix}$$

$$\cdot \begin{bmatrix} \cos(\varphi_0 + \dot{\varphi}\tau) & 0 & -\sin(\varphi_0 + \dot{\varphi}\tau) & 0 \\ 0 & 1 & 0 & 0 \\ \sin(\varphi_0 + \dot{\varphi}\tau) & 0 & \cos(\varphi_0 + \dot{\varphi}\tau) & 0 \\ 0 & 0 & 0 & 1 \end{bmatrix} \begin{bmatrix} 1 & 0 & 0 & 0 \\ 0 & \cos(\theta_0 + \dot{\theta}\tau) & \sin(\theta_0 + \dot{\theta}\tau) & 0 \\ 0 & -\sin(\theta_0 + \dot{\theta}\tau) & \cos(\theta_0 + \dot{\theta}\tau) & 0 \\ 0 & 0 & 0 & 1 \end{bmatrix}$$

$$\cdot \begin{bmatrix} \cos(\psi_0 + \dot{\psi}\tau) & \sin(\psi_0 + \dot{\psi}\tau) & 0 & 0 \\ -\sin(\psi_0 + \dot{\psi}\tau) & \cos(\psi_0 + \dot{\psi}\tau) & 0 & 0 \\ 0 & 0 & 1 & 0 \\ 0 & 0 & 0 & 1 \end{bmatrix} \begin{bmatrix} 1 & 0 & 0 & m_1 \\ 0 & 1 & 0 & m_2 - V_s t \\ 0 & 0 & 1 & -H \\ 0 & 0 & 0 & 1 \end{bmatrix} \begin{bmatrix} 0 \\ 0 \\ 0 \\ 1 \end{bmatrix} \quad (5\text{-}17)$$

利用式(5-17)可以得到横向像移 S_{p1} 以及前向像移 S_{p2} 为

$$S_{p1} = \frac{f}{L}(((\cos\alpha\sin\varphi - \sin\alpha\cos\varphi)\sin\theta\cos\psi + (-\cos\alpha\cos\varphi - \sin\alpha\sin\varphi)\sin\psi)$$
$$\cdot (m_1 - H\eta\tau) - ((-\cos\alpha\sin\varphi + \sin\alpha\cos\varphi)\sin\theta\cos\psi + (\cos\alpha\cos\varphi$$
$$+ \sin\alpha\sin\varphi)\cos\psi)m_2 - (\cos\alpha\sin\varphi - \sin\alpha\cos\varphi)\cos\theta H)$$
$$+ \frac{fH}{L}(\cos\alpha_0\sin\varphi_0 - \sin\alpha_0\cos\varphi_0)\cos\theta_0$$

$$(5\text{-}18)$$

$$S_{p2} = \frac{f}{L}(m_1\cos\theta\sin\psi - \cos\theta\cos\psi(m_2 - H\eta\tau) + H\sin\theta) - \frac{f}{L}H\sin\theta_0 \quad (5\text{-}19)$$

式中, $\alpha = \alpha_0 + \dot{\alpha}\tau$; $\psi = \psi_0 + \dot{\psi}\tau$; $\theta = \theta_0 + \dot{\theta}\tau$; $\varphi = \varphi_0 + \dot{\varphi}\tau$; η 为速高比, $\eta = V_s / H$ 。

4) 像移分析

影响像移误差的因素有 η 、 τ 、 α_0 、 ψ_0 、 θ_0 、 φ_0 、 $\dot{\alpha}$ 、 $\dot{\psi}$ 、 $\dot{\theta}$ 、 $\dot{\varphi}$ 共10个变量。要全面分析10个变量对像移误差的影响,共有3628800种情形,这是极其庞大也是不必要的。

本节研究的TDICCD式航空相机部分工作参数和极限工作参数如表5.6所示。

表 5.6　TDICCD 相机的部分工作参数和极限工作参数表

参数	取值
相机焦距 f/m	1.5000
CCD 像元尺寸 b/mm	0.013
最长曝光时间 τ_{max}/s	0.0048
最大速高比 η_{max}/(rad/s)	0.05
相机最大扫描角 α_{max}/(°)	60
相机扫描速度/((°)/s)	9.932

本节仅分析飞机具有正向最大滚转角速度、最大俯仰角速度、最大偏航角速度和角速度为 0° 的情况下，飞机的滚转角、俯仰角、偏航角对像移的影响。设飞机正向最大滚转角速度 $\dot{\varphi}_{max} = 5°/s$，最大俯仰角速度 $\dot{\theta}_{max} = 3°/s$，最大偏航角速度 $\dot{\psi}_{max} = 3°/s$，则式(5-18)和式(5-19)变成关于三个自变量的函数 $S_{p1}(\psi_0, \theta_0, \varphi_0)$ 和 $S_{p2}(\psi_0, \theta_0, \varphi_0)$。$\dot{\psi}$、$\dot{\theta}$、$\dot{\varphi}$ 共有以下 8 种情形，分别为滚转角速度 $\dot{\varphi}_{max} = 5°/s$、$\dot{\varphi}_{min} = 0°/s$，俯仰角速度 $\dot{\theta}_{max} = 3°/s$、$\dot{\theta}_{min} = 0°/s$，偏航角速度 $\dot{\psi}_{max} = 3°/s$、$\dot{\psi}_{min} = 0°/s$，三个自变量自由组合。

函数 S_{p1} 和 S_{p2} 还剩下三个自变量，为了分析方便，将函数 $S_{p1}(\psi_0, \theta_0, \varphi_0)$ 和 $S_{p2}(\psi_0, \theta_0, \varphi_0)$ 其中一个自变量 φ_0 设为常量，讨论 $\varphi_0 \in [-4°, 4°]$、$\theta_0 \in [-4°, 4°]$ 时，S_{p1} 和 S_{p2} 的变化规律。

再将 φ_0 分 9 种情形讨论，分别是 $\varphi_0 = 4°, 3°, 2°, 1°, 0°, -1°, -2°, -3°, -4°$。因此，共有 72 种情形。

下面以 $\dot{\varphi}_{max} = 5°/s$、$\dot{\theta}_{max} = 3°/s$、$\dot{\psi}_{max} = 3°/s$ 为例，在 $\varphi_0 = 4°, 3°, 2°, 1°, 0°$ 五种情况下，研究 θ_0、ψ_0 的变换对 S_{p1} 和 S_{p2} 的影响规律，其他情形的研究方法与此相同，此处不再赘述。

将已知参数代入式(5-18)和式(5-19)，利用 MATLAB 软件绘制出俯仰角 θ_0、偏航角 ψ_0 与 S_{p1}、S_{p2} 的变换关系图，如图 5.9 所示(在 S_{p1} 与 S_{p2} 式中令 $m_1=0$、$m_2=0$，则当滚转角变化时 S_{p2} 的变化规律相同，这里仅列出 $\psi_0 = 4°$ 时 θ_0、ψ_0 与 S_{p2} 的变化关系，其他与之相同)。

通过对前向像移的对比仿真，可以得到如下结论：

(1) 在相同的角速度前提下，改变 φ_0 不会引起 S_{p2} 的变化，可以看出空基平台的横滚运动对于前向像移(S_{p2})没有影响。通过改变俯仰角速度 $\dot{\theta}$，前向像移发生突变，因此前向像移主要来源于空基平台的俯仰运动。另外，通过设定全部角

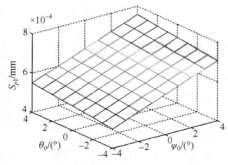

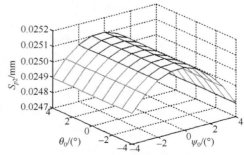

(a) $\varphi_0=4°$ 时，θ_0、ψ_0 与 S_{p1} 间的变换关系图　　(b) $\varphi_0=4°$ 时，θ_0、ψ_0 与 S_{p2} 间的变换关系图

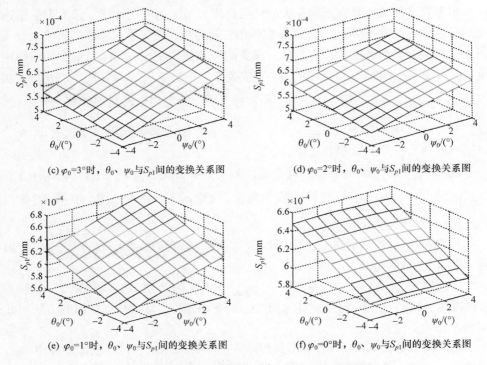

(c) $\varphi_0=3°$时，θ_0、ψ_0与S_{p1}间的变换关系图　　　(d) $\varphi_0=2°$时，θ_0、ψ_0与S_{p1}间的变换关系图

(e) $\varphi_0=1°$时，θ_0、ψ_0与S_{p1}间的变换关系图　　　(f) $\varphi_0=0°$时，θ_0、ψ_0与S_{p1}间的变换关系图

图 5.9　俯仰角 θ_0、偏航角 ψ_0 与 S_{p1}、S_{p2} 的变换关系图

速度为零，而前向像移仍有一定小量，可知空基平台的平飞运动会产生一定的前向像移，空基平台的方位角速度对于前向像移也有一定的影响。

(2) 通过比较 $\dot{\varphi}_{max}=0°/s$、$\dot{\theta}_{max}=0°/s$、$\dot{\psi}_{max}=0°/s$ 和 $\dot{\varphi}_{max}=0°/s$、$\dot{\theta}_{max}=0°/s$、$\dot{\psi}_{max}=3°/s$，可以得到空基平台的方位运动不会对横向像移(S_{p1})产生影响，而改变横滚角速度 $\dot{\varphi}$，横向像移发生突变，由此可以看出，横向像移主要来源于空基平台的横滚运动，另外当横滚角 $\varphi \neq 0°$ 时，随着横滚角的增大，空基平台的俯仰角速度对横向像移的影响变大。

5.2.3　像移对光学传递函数的影响

若目标与像之间存在一维相对运动 $x(t)$，将导致系统的成像脉冲响应空间运动。光学成像遥感器曝光的过程是空间运动脉冲响应对时间积分的过程。在曝光时间内，脉冲响应的空间运动可用 $x(t)$ 的直方图来描述，对于某一给定的运动形式，脉冲响应经过任意一点的概率是 $x(t)$ 的函数，即概率密度函数。

对于目标与像面之间的任意运动，都能够找到曝光时间内 $x(t)$ 的概率密度函数。根据光学系统的线性特性，当系统的脉冲响应运动时，也就是由于物点与像面间的运动，导致物点在像平面上成一系列的像，在像平面上的某一点，可能同时存在物点的几次成像，所成像点的数目取决于运动经过该点的次数，这些像的光强度在像平面上叠加。由此可见，当运动在某一点的 $x(t)$ 发生频率越大，即物点在该点成像次数越多，所叠加的光强度越大，因此 $x(t)$ 的概率密度函数反映了像面上的光强分布，曝光时间内 $x(t)$ 的概率密度函数等价于系统的线扩散函数。

同理，对于图像二维运动 $x(t)$、$y(t)$ 同时存在的情况，成像应该用点扩散函数来表示，曝光时间内 (x,y) 的概率密度函数等价于系统的点扩散函数。

由于光学传递函数是点扩散函数的傅里叶变换，所以有

$$\text{OTF}(f_x, f_y) = F\{\text{PSF}(x,y)\} = \int_{-\infty}^{+\infty}\int_{-\infty}^{+\infty} \text{PSF}(x,y)\exp[-2\pi\mathrm{j}(f_x x + f_y y)]\mathrm{d}x\mathrm{d}y \quad (5\text{-}20)$$

利用多重泰勒级数展开公式，将其展开成麦克劳林级数的形式，即

$$\text{OTF}(f_x, f_y) = \text{OTF}(0,0) + \left(f_x\frac{\partial}{\partial f_x} + f_y\frac{\partial}{\partial f_y}\right)\text{OTF}(f_x, f_y)\Bigg|_{\substack{f_x=0 \\ f_y=0}}$$

$$+ \frac{1}{2!}\left(f_x\frac{\partial}{\partial f_x} + f_y\frac{\partial}{\partial f_y}\right)^2 \text{OTF}(f_x, f_y)\Bigg|_{\substack{f_x=0 \\ f_y=0}} + \cdots \quad (5\text{-}21)$$

$$+ \frac{1}{n!}\left(f_x\frac{\partial}{\partial f_x} + f_y\frac{\partial}{\partial f_y}\right)n\text{OTF}(f_x, f_y)\Bigg|_{\substack{f_x=0 \\ f_y=0}} + R_m(f_x, f_y)$$

将式(5-20)代入式(5-21)中，得到式(5-21)中的偏微分项为

$$\frac{\partial\text{OTF}(f_x, f_y)}{\partial f_x}\Bigg|_{\substack{f_x=0 \\ f_y=0}} = \frac{\partial}{\partial f_x}\iint \text{PSF}(x,y)\exp[-2\pi\mathrm{j}(f_x x + f_y y)]\mathrm{d}x\mathrm{d}y\Bigg|_{\substack{f_x=0 \\ f_y=0}}$$

$$= -2\pi\mathrm{j}\iint x\text{PSF}(x,y)\mathrm{d}x\mathrm{d}y \quad (5\text{-}22)$$

将式(5-22)化简，对点扩散函数 $\text{PSF}(x,y)$ 与线扩散函数 $\text{LSF}(x)$ 和 $\text{LSF}(y)$ 进行讨论。

由点扩散函数与线扩散函数的关系可知：

$$\begin{cases} \text{LSF}(x) = \int_{-\infty}^{+\infty}\text{PSF}(x,y)\mathrm{d}y \\ \text{LSF}(y) = \int_{-\infty}^{+\infty}\text{PSF}(x,y)\mathrm{d}x \end{cases} \quad (5\text{-}23)$$

根据概率论中边缘分布的定义，$\text{LSF}(x)$ 和 $\text{LSF}(y)$ 分别为 $\text{PSF}(x,y)$ 关于 x 和 y 的边缘概率密度，且有

$$\int_{-\infty}^{+\infty}\int_{-\infty}^{+\infty}\text{PSF}(x,y)\mathrm{d}x\mathrm{d}y = \int_{-\infty}^{+\infty}\text{LSF}(x)\mathrm{d}x = \int_{-\infty}^{+\infty}\text{LSF}(y)\mathrm{d}y = 1 \quad (5\text{-}24)$$

利用累次积分计算式(5-23)，式(5-22)变为

$$\left.\frac{\partial \mathrm{OTF}(f_x,f_y)}{\partial f_x}\right|_{\substack{f_x=0 \\ f_y=0}} = -2\pi \mathrm{j}\int_{-\infty}^{+\infty}\int_{-\infty}^{+\infty} x\mathrm{PSF}(x,y)\mathrm{d}x\mathrm{d}y = -2\pi \mathrm{j}\int_{-\infty}^{\infty}\left[\int_{-\infty}^{+\infty}\mathrm{PSF}(x,y)\mathrm{d}y\right]x\mathrm{d}x$$

$$= -2\pi \mathrm{j}\int_{-\infty}^{+\infty} x\mathrm{LSF}(x)\mathrm{d}x$$

$$(5\text{-}25)$$

同理，式(5-21)中的其他各项系数为

$$\left.\frac{\partial \mathrm{OTF}(f_x,f_y)}{\partial f_y}\right|_{\substack{f_x=0 \\ f_y=0}} = -2\pi \mathrm{j}\int_{-\infty}^{+\infty} y\mathrm{LSF}(y)\mathrm{d}y \tag{5-26}$$

$$\left.\frac{\partial \mathrm{OTF}(f_x,f_y)}{\partial f_x^2}\right|_{\substack{f_x=0 \\ f_y=0}} = (-2\pi \mathrm{j})^2\int_{-\infty}^{+\infty} x^2\mathrm{LSF}(x)\mathrm{d}x \tag{5-27}$$

$$\left.\frac{\partial \mathrm{OTF}(f_x,f_y)}{\partial f_y^2}\right|_{\substack{f_x=0 \\ f_y=0}} = (-2\pi \mathrm{j})^2\int_{-\infty}^{+\infty} y^2\mathrm{LSF}(y)\mathrm{d}y \tag{5-28}$$

$$\left.\frac{\partial \mathrm{OTF}(f_x,f_y)}{\partial f_x\partial f_y}\right|_{\substack{f_x=0 \\ f_y=0}} = (-2\pi \mathrm{j})^2\int_{-\infty}^{+\infty}\int_{-\infty}^{+\infty} xy\mathrm{PSF}(x,y)\mathrm{d}x\mathrm{d}y \tag{5-29}$$

按上述方法对 $\mathrm{OTF}(f_x,f_y)$ 进行第三阶、第四阶直至第 n 阶的泰勒级数展开。由概率论可知，式(5-25)～式(5-29)的积分可用统计平均和统计 n 阶矩表示，即

$$\begin{cases} \int_{-\infty}^{+\infty} x^n\mathrm{LSF}(x)\mathrm{d}x = E(x^n) = m_n^x \\ \int_{-\infty}^{+\infty}\int_{-\infty}^{+\infty} x^j y^k\mathrm{PSF}(x,y)\mathrm{d}x\mathrm{d}y = E(x^j y^k) = m_{j,k}^{x,y} \end{cases} \tag{5-30}$$

式中，m_n^x 表示随机变量 x 的统计 n 阶矩；$m_{j,k}^{x,y}$ 表示随机变量 x、y 的 $j+k$ 阶混合矩。同时也可在时域中表示上述积分，式(5-30)可写为

$$\begin{cases} m_n^x = E(x^n) = \dfrac{1}{t_e}\int_t^{t+t_e} x^n(t)\mathrm{d}t \\ m_{j,k}^{x,y} = E(x^j y^k) = \dfrac{1}{t_e}\int_t^{t+t_e} x^j(t) y^k(t)\mathrm{d}t \end{cases} \tag{5-31}$$

式中，t_e 为曝光时间。将光学传递函数与像移联系在一起，即

$$\mathrm{OTF}(f_x,f_y) = \mathrm{OTF}(0,0) - 2\pi \mathrm{j}(f_x m_1^x + f_y m_1^y) + \frac{1}{2!}(-2\pi \mathrm{j})^2(f_x^2 m_2^x + f_y^2 m_2^y$$

$$+ 2f_x f_y m_{1,1}^{x,y}) + \frac{1}{3!}(-2\pi \mathrm{j})^3(f_x^3 m_3^x + f_y^3 m_3^y + 3f_x f_y^2 m_{1,2}^{x,y} \tag{5-32}$$

$$+ 3f_x^2 f_y m_{2,1}^{x,y}) + \cdots$$

对于 CCD 成像介质，式(5-30)在曝光时间 t_e 内，得到运动的采样序列 $\{x_i\}$ $(i=1,2,\cdots,S)$，则运动的 n 阶统计矩和 $j+k$ 阶混合矩可由式(5-33)进行计算：

$$\begin{cases} m_n^x = \dfrac{1}{S}\sum_{i=1}^{S} x_i^n \\ m_{j,k}^{x,y} = \dfrac{1}{S}\sum_{i=1}^{S} x_i^j y_i^k \end{cases} \tag{5-33}$$

将式(5-33)代入式(5-32)，从而得到二维运动模糊的点扩散函数为

$$\begin{aligned} \mathrm{OTF}(f_x, f_y) = & \frac{t_e \sin(\pi f_x M \cos\theta)}{\pi f_x M \cos\theta}\exp(-\mathrm{j}\pi f_x M \cos\theta) \\ & + \frac{t_e \sin(\pi f_y M \sin\theta)}{\pi f_y M \sin\theta}\exp(-\mathrm{j}\pi f_y M \cos\theta) \end{aligned} \tag{5-34}$$

式中，$M = \sqrt{x^2(t_e)+y^2(t_e)}$；$\theta = \arctan\dfrac{y(t_e)}{x(t_e)}$。

由上述二维运动模糊点扩散函数表达式即可得到点扩散函数 $\mathrm{OTF}(f_x, f_y)$ 的功率谱，如图 5.10 所示。

可以利用点扩散函数 $\mathrm{OTF}(f_x, f_y)$ 对航拍图像进行二维运动模糊的仿真，图 5.11(a)为 TDICCD 所拍摄到的清晰图像，图 5.11(b)为 $\dot{\varphi}=0°/\mathrm{s}$，$\dot{\theta}=3°/\mathrm{s}$，$\dot{\psi}=0°/\mathrm{s}$ 角速度用 OTF 对图 5.11(a)进行卷积得到的图像。

图 5.10　运动模糊点扩散函数功率谱

(a) 清晰图像　　　　　　　(b) OTF卷积后模糊图像

图 5.11　二维运动模糊仿真结果

5.3　TDICCD 行转移方向像移建模

5.3.1　TDICCD 工作模式

TDICCD 的工作模式实际上是将面阵 CCD 当作线阵 CCD 使用。TDICCD 具有特殊的扫描方式：在第一个积分周期内，目标景物会在 CCD 上的某列曝光得到光生电荷，但 CCD 并不直接将其读出，而是下移一列。在第二个积分时间内，目标景物刚好移动到 CCD 下一列像元，将这两个周期的电荷累加并再下移一列。如此重复直到第 N 级后，N 倍的光生电荷量被转移到水平读出寄存器中，与普通 CCD 一样输出信号。

5.3.2　TDICCD 行转移方向像移模型

航空 TDICCD 遥感成像系统主要有推扫式与摆扫式两种工作模式，下面分别对这两种工作模式的行间像移进行阐述。

典型 TDICCD 推扫式相机工作成像面垂直于地面，TDICCD 的行方向与飞机的飞行方向平行，列方向与飞机飞行方向垂直，来自地面物体的光经大气和光学系统成像在 TDICCD 上。

当相机对地面物体逐行推扫成像时，像面会发生移动，光生电荷包以同样的速度被转移。地面景物经遥感相机的光学系统在焦平面上成对应的像点，因此景物像点的运动方向与飞机前向飞行方向相同，速度为

$$V_{\text{scene}} = \frac{V}{H} f \tag{5-35}$$

式中，V 为飞机飞行速度；H 为飞行高度；f 为遥感相机焦距。TDICCD 行间电荷转移速度为

$$V_{\text{TDICCD}} = b_{\text{s}} / T \tag{5-36}$$

式中，b_{s} 为像元尺寸；T 为 TDICCD 的行间电荷转移时间。

对于一个给定的成像系统，焦距、探测器像元尺寸为固定值，一般采用飞机惯导输入的飞行速度以及激光测距机测量的飞行高度产生对应的 TDICCD 行转移脉冲同步信号，从而保证景物像点的移动速度与电荷转移的速度相匹配。

推扫式航空相机成像原理简单，技术成熟度高，在我国航天、对月观测领域获得了广泛的应用。然而，这类相机都采用垂直或小角度的倾斜方式成像，因此观察范围受到极大的限制。摆扫式遥感相机的问世弥补了垂直照相方式的不足，成为主要的发展方向。

由于相机的摆扫运动，景物在 TDICCD 焦平面处产生线性位移，移动速度为

$$V'_{\text{scene}} = \omega_s f \tag{5-37}$$

式中，ω_s 为遥感相机旋转角速度。TDICCD 摆扫式遥感相机的电荷转移线速度与推扫式遥感相机相同，如式(5-36)所示。为了弥补摆扫工作模式引起的景物与探测器之间的相对运动，要求式(5-36)与式(5-37)严格匹配。DB-110 相机采用精密光纤陀螺测量相机的摆扫角速度，通过数字信号发生器产生与之相对应的 TDICCD 的行转移脉冲频率，获得了良好的成像效果。

无论摆扫式相机还是推扫式相机，实际工作中必然存在像的运动与景物运动不匹配的现象。速度失配像移可简单表示为原始图像与宽度为 S 的矩形函数的卷积，即

$$I'(x,y) = I(x,y) * \text{rect}\left(\frac{x}{S_{a/s}}\right) \tag{5-38}$$

式中，$I'(x,y)$ 为 CCD 得到的模糊图像；$I(x,y)$ 为原始图像；$S_{a/s}$ 为沿 TDICCD 行间电荷转移方向以像元为单位的像移量。对式(5-38)进行傅里叶变换得到

$$\text{MTF}_{\text{smear}} = \frac{\sin(\pi S_{a/s} f_x)}{\pi S_{a/s} f_x} \tag{5-39}$$

系统的调制传递函数(MTF)是评价系统成像质量的重要参数，它描述系统再现景物图像的能力。利用光学传递函数来评价光学系统的成像质量，把物体看成由各种频率谱组成的，也就是把物体的光场分布函数展开成傅里叶级数(物函数为周期函数)或傅里叶积分(物函数为非周期函数)的形式[12]。若把光学系统看成线性不变系统，那么物体经光学系统成像，可视为物体经光学系统传递后，其传递效果是频率不变的，但对比度下降，相位要发生推移，并在某一频率处截止，即对比度为零。这种对比度的降低和相位推移是随频率的变化而变化的，其函数关系称为光学传递函数。它反映了物体不同频率成分的传递能力。一般来说，高频部分反映物体的细节传递情况，中频部分反映物体的层次情况，而低频部分反映物体的轮廓。

式(5-39)经傅里叶变换得

$$\text{MTF}_{\text{smear}}(f_x) = \frac{I'(x,y)}{I(x,y)} = \text{sinc}\left[\pi\left(\frac{1}{p} + \Delta x\right)f_x\right]\sum_{n=0}^{N\Phi-1}\exp(\text{j}2\pi\Delta x n f_x) \tag{5-40}$$

对式(5-40)中的相位和进一步简化得

$$\text{MTF}_{\text{smear}}(f_x) = \text{sinc}\left[\pi\left(\frac{1}{p} + \Delta x\right)f_x\right]\frac{\sin(\pi N\phi\Delta x f_x)}{N\phi\sin(\pi\Delta x f_x)} \tag{5-41}$$

将 N 级总像移量代入式(5-41)可得

$$\mathrm{MTF}_{\mathrm{smear}}(f_x) = \mathrm{sinc}\left[\pi\left(\frac{1}{p}+\frac{S}{N\phi}\right)f_x\right]\frac{\sin(\pi S f_x)}{N\phi\sin\left[\pi(S/(N\phi))f_x\right]} \tag{5-42}$$

当 $\sin\left[\pi(S/(N\phi))f_x\right]\approx\pi(S/(N\phi))f_x$ 时，式(5-42)中的相位和可近似为线性像移，这时 MTF 可表示为

$$\mathrm{MTF}_{\mathrm{smear}}(f_x)\approx\mathrm{sinc}\left[\pi\left(\frac{1}{\phi}+\frac{S}{N\phi}\right)f_x\right]\mathrm{sinc}(\pi S f_x) \tag{5-43}$$

设原始图像为 $I(x,y)$，当曝光时间内景物与感光介质产生相对运动时，模糊图像为

$$I'(x,y)=I(x,y)*\frac{E}{l}\mathrm{rect}\left(\frac{x}{l}\right) \tag{5-44}$$

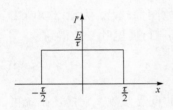

图 5.12　像移模糊函数

式中，$*$ 表示卷积；$\dfrac{E}{l}\mathrm{rect}\left(\dfrac{x}{l}\right)$ 表示矩形脉冲函数；E 表示等效曝光强度；l 表示相对位移。像移模糊函数如图 5.12 所示。

在第一个电荷转移周期内，曝光过程中景物像点与 TDICCD 之间的相对位移为

$$l_1=\frac{T_1}{T}b_s \tag{5-45}$$

式中，T_1 为第一个电荷转移周期占用的时间；T 为行间电荷转移时间。等效曝光强度为

$$E_1=\frac{T_1}{T} \tag{5-46}$$

将式(5-45)和式(5-46)代入式(5-44)，生成的模糊图像为

$$I_1'(x,y)=I(x,y)*\frac{1}{b_s}\mathrm{rect}\left(\frac{x}{l_1}\right) \tag{5-47}$$

在第二个电荷转移周期开始前，景物像点移动的距离为 l_1，电荷移动距离为 $\dfrac{b_s}{2\phi}$，在曝光前对应的图像为 $I\left(x-l_1+\dfrac{b_s}{4},y\right)$，曝光过程中相对位移为 $l_2=\dfrac{T_2}{T}b_s$，曝光强度为 $E_2=\dfrac{T_2}{T}$，生成的模糊图像为

$$I'_2(x,y) = I\left(x - l_1 + \frac{b_s}{4}, y\right) * \frac{1}{b_s}\text{rect}\left(\frac{x}{l_2}\right) \tag{5-48}$$

以此类推，在第 n 个电荷转移周期生成的模糊图像为

$$I'_n(x,y) = I\left(x - \sum_{i=1}^{n} l_i + \frac{(n-1)b_s}{2\phi}, y\right) * \frac{1}{b_s}\text{rect}\left(\frac{x}{l_n}\right) \tag{5-49}$$

式中，$l_n = \dfrac{T_n}{T} b_s$。

在一个行转移曝光时间内生成的图像是 $1 \sim 2\phi$ 个电荷转移周期生成的图像汇总，如式(5-50)所示：

$$
\begin{aligned}
I'(x,y) &= \sum_{i=1}^{2\phi} I'_i(x,y) \\
&= \frac{1}{b_s}\left(I(x,y) * \text{rect}\left(\frac{x}{l_1}\right) + I\left(x - l_1 + \frac{b_s}{2\phi}, y\right) * \text{rect}\left(\frac{x}{l_2}\right) \cdots \right. \\
&\quad \left. + I\left(x - \sum_{i=1}^{2\phi-1} l_i + \frac{(2\phi-1)b_s}{2\phi}, y\right) * \text{rect}\left(\frac{x}{l_{2\phi}}\right) \right)
\end{aligned} \tag{5-50}
$$

经傅里叶变换后为

$$
\begin{aligned}
I'(f_x, f_y) &= \frac{I(f_x, f_y)}{b_s}\left(l_1\text{sinc}(\pi l_1 f_x) + l_2\text{sinc}(\pi l_2 f_x)\mathrm{e}^{-\mathrm{j}2\pi\left(l_1 - \frac{b_s}{2\phi}\right)f_x} + \cdots \right. \\
&\quad \left. + l_{2\phi}\text{sinc}(\pi l_{2\phi} f_x)\mathrm{e}^{-\mathrm{j}2\pi\left(\sum\limits_{i=1}^{2\phi-1} l_i - \frac{(2\phi-1)b_s}{2\phi}\right)f_x} \right)
\end{aligned} \tag{5-51}
$$

对应的传递函数为

$$
\begin{aligned}
\text{MTF} &= \frac{1}{b_s}\left(l_1\text{sinc}(\pi l_1 f_x) + l_2\text{sinc}(\pi l_2 f_x)\mathrm{e}^{-\mathrm{j}2\pi\left(l_1 - \frac{b_s}{2\phi}\right)f_x} + \cdots \right. \\
&\quad \left. + l_{2\phi}\text{sinc}(\pi l_{2\phi} f_x)\mathrm{e}^{-\mathrm{j}2\pi\left(\sum\limits_{i=1}^{2\phi-1} l_i - \frac{(2\phi-1)b_s}{2\phi}\right)f_x} \right)
\end{aligned} \tag{5-52}
$$

假设 T_1 所占时间为行转移周期的 75%，其他电荷转移占用时间相等，表 5.7 列出了二相位、三相位、四相位 TDICCD 一个行转移周期内各个电荷转移步骤引起的像移。

表 5.7　各个电荷转移步骤引起的像移

相对位移	二相位	三相位	四相位
l_1	$3b_s/4$	$3b_s/4$	$3b_s/4$
l_2	$b_s/12$	$b_s/20$	$b_s/28$
l_3	$b_s/12$	$b_s/20$	$b_s/28$
l_4	$b_s/12$	$b_s/20$	$b_s/28$
l_5	—	$b_s/20$	$b_s/28$
l_6	—	$b_s/20$	$b_s/28$
l_7	—	—	$b_s/28$
l_8	—	—	$b_s/28$

　　将表 5.7 中的数值代入式(5-52)，可以得到相应相位 TDICCD 电荷转移像移的传递函数，图 5.13 分别给出了二相位、三相位、四相位 TDICCD 电荷转移像移对应的调制传递函数。

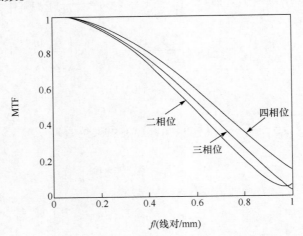

图 5.13　不同相位电荷转移像移的调制传递函数

5.4　飞行试验记录

　　为了验证平台运动与航空相机成像的拓扑关系，明确航空相机对平台运动信息的需求，在山东省威海机场，以"运 12"飞机为平台进行了 TDICCD 式航空相机的飞行成像试验，试验中使用了由北京航空航天大学设计研制的 POS 设备。

　　基于 TDICCD 的航空相机主要有推扫式成像和摆扫式成像两种工作方式，均利用 TDICCD 的片上电荷转移特点来进行像移补偿，本次试验使用的相机为

TDICCD 推扫式相机。

如图 5.7 所示，TDICCD 工作原理简图中横向为 TDICCD 的像元数，在镜头焦距一定的情况下，TDICCD 的像元数影响相机的视场角和覆盖宽度。工作原理简图纵向为电荷转移方向，电荷从第一行开始曝光，曝光结束后转移到下一行继续曝光，达到设定的曝光级数后，电荷从读出电路读出。从 TDICCD 的工作原理中可以看出，TDICCD 在成像过程中存在一个方向的电荷转移，如果电荷转移方向和速度与载机运动方向和速度大小一致，则可以用来补偿载机的前向飞行运动，这一特点在航空相机中得到了广泛的应用。

当地面景物相对于 TDICCD 运动时，通过地面景物和 TDICCD 的相对距离、运动的相对速度以及所使用镜头的焦距可以计算出 TDICCD 电荷转移速度，称为 TDICCD 的行转移频率。当 TDICCD 按照计算好的行转移频率进行逐级曝光时，就可以补偿地面景物对于 TDICCD 的相对运动。利用 TDICCD 这种电荷转移的工作方式，可以很便捷地补偿载机运动引起的前向像移，同时这种电子式像移补偿方式没有使用运动部件，因此补偿的可靠性高、实时性好。

TDICCD 在进行推扫成像时要求具备较稳定的空间视轴指向，保证在进行电荷转移之后，下一行对应像元的视轴指向和上一行的像元视轴指向是可以完全重合的；另外要求具备精确的指导相机镜头焦距、载机相对地面景物的距离、载机相对于地面景物的运动速度，这三个参数保证 TDICCD 行转移频率，直接影响 TDICCD 的像移补偿精度。从这两个方面来说，TDICCD 推扫式相机在成像过程中需要获得精确的相机自身的姿态和运动信息。

在试验过程中，POS 设备和 TDICCD 式航空相机固定连接在一起，保证 POS 设备的三个坐标轴的空间指向和 TDICCD 式航空相机的三个坐标轴的空间指向平行。工控机完成 POS 设备和 TDICCD 式航空相机之间的通信，保证 TDICCD 式航空相机所成的图像和 POS 设备的信息匹配。TDICCD 式航空相机和 POS 设备在"运 12"飞机上的安装实物图如图 5.14 和图 5.15 所示。

图 5.14 TDICCD 式航空相机和 POS 设备安装实物图(1)

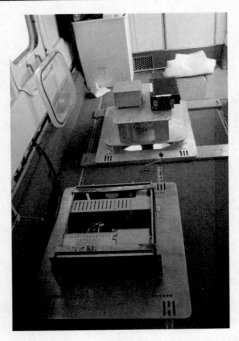

图 5.15　TDICCD 式航空相机和 POS 设备安装实物图(2)

　　飞行试验时，载机相对飞行高度 2800m，载机飞行速度 210km/h，天气晴朗无风，飞行试验获得的图像如图 5.16～图 5.18 所示。

图 5.16　飞行试验图像(1)

图 5.17　飞行试验图像(2)

图 5.18　飞行试验图像(3)

　　在 POS 设备的辅助下，TDICCD 式航空相机能精确获得载机的飞行参数，包括飞行高度和飞行速度，可以很好地利用 TDICCD 的电荷转移特性补偿载机的前向飞行运动使成像清晰。同时，利用 POS 设备提供的飞机姿态运动信息，可以补偿在成像过程中的飞机姿态运动，公路、房屋等建筑的轮廓都能清晰地成像。

5.5 本章小结

航空相机已经成为航空遥感领域中的主要载荷，它可以通过光学成像的方式获取地面景物信息。TDICCD 又是其中极具代表性的关键技术。本章对比分析了 TDICCD 和线阵 CCD、面阵 CCD 的工作原理，相比之下 TDICCD 因其时效性强、测量精度高、侦察区域广、机动灵活性高等特点而被广泛应用。在实际工作中，TDICCD 的调制传递函数会受像移的影响，但它的物像关系可以通过坐标变换理论得出，因此 TDICCD 传递函数的数学模型是可以计算出来的。最后通过一系列的飞行试验数据验证了本章理论的正确性。

参 考 文 献

[1] 付天骄, 张立国, 王文华, 等. 空间相机图像复原的实时处理[J]. 光学精密工程, 2015, 23(4): 1122-1130.

[2] 王红娟, 王炜, 王欣, 等. 航天器微振动对空间相机像质的影响[J]. 光子学报, 2013, 42(10): 1212-1217.

[3] 李波, 孙崇尚, 田大鹏, 等. 国外航空侦察相机的发展情况[J]. 现代科学仪器, 2013, (2): 24-27.

[4] 刘明. 航空侦察相机的发展分析[J]. 光机电信息, 2011, 28(11): 32-37.

[5] 任建伟, 刘则洵, 万志, 等. 离轴三反宽视场空间相机的辐射定标[J]. 光学精密工程, 2010, 18(7): 1491-1497.

[6] 刘明, 修吉宏, 刘钢, 等. 国外航空侦察相机的发展[J]. 电光与控制, 2004, 11(1): 56-59.

[7] Liu R, Wang D J, Zhou D B, et al. Point target detection based on multiscale morphological filtering and an energy concentration criterion[J]. Applied Optics, 2017, 56(24): 6796-6805.

[8] 黄猛, 张葆, 丁亚林. 国外机载光电平台的发展[J]. 航空制造技术, 2008, (9): 70-71.

[9] Riehl K. RAPTOR (DB-110) reconnaissance system: In operation[J]. Proceedings of SPIE, 2002, 4824: 1-12.

[10] Iyengar M, Lange D. The Goodrich 3rd generation DB-110 system: Operational on tactical and unmanned aircraft [J]. Proceedings of SPIE, 2006, 6209: 1-9.

[11] 冷雪, 张雪菲, 李文明, 等. 全帧 CCD 相机时间延迟积分模式下的图像缺损[J]. 光学精密工程, 2014, 22(2): 467-473.

[12] 王德江, 董斌, 李文明, 等. TDICCD 电荷转移对遥感相机成像质量的影响[J]. 光学精密工程, 2011, 19(10): 2500-2506.

第 6 章 机载激光雷达误差分析及定量评价

6.1 引 言

目前机载激光雷达(light detection and ranging，LIDAR)系统的硬件设备水平和系统集成技术在国外已经发展得较成熟，主要有两个方面尚待解决：一是机载激光雷达扫描点云数据后处理算法，如地物分类、识别，三维建模软件技术的研究和开发；二是机载激光雷达测量误差的因素分析、误差分配和误差抑制补偿技术，从而提高机载激光雷达的测量精度[1]。前者主要针对机载激光雷达点云数据后处理算法和具体应用。激光雷达点云数据后处理算法商业化软件，如 Terrasolid 软件系列等，其算法没有公开，因此多家大学、研究机构及商业服务机构进行后处理软件和算法的开发研究。机载激光雷达的误差分析和精度评价，研究热点包括误差因素种类、误差影响规律、误差影响权重、误差因素补偿。上述问题是发展高精度机载激光雷达测量技术迫切需要解决的问题。国内对机载激光雷达技术的应用和研究刚刚起步，缺乏具有我国自主知识产权的成熟产品，实际测绘中使用的机载激光雷达硬件系统和大部分软件主要是国外产品。中国科学院遥感应用研究所于 1996 年研制了机载扫描测距-成像系统原理样机，但该系统离实用化尚有一段距离[2]。2007 年底，中国科学院上海技术物理研究所研制了机载激光雷达系统样机，它可以获得地面高程图和灰度图像。但国内自主研发的机载激光雷达测量产品精度比国外产品的精度低一个数量级以上，因此亟须研究影响机载激光雷达测量精度的误差因素及其抑制、补偿技术，为获取高精度的三维扫描数据提供理论依据和技术支持。

机载激光雷达获得的数字高程模型(digital elevation model，DEM)和数字表面模型(digital surface model，DSM)的精度主要取决于获得的点云数据的定位精度、密度和分布区域。激光点云数据的定位误差主要由机载激光雷达系统中各传感器的测量误差引起。理想情况下，如果影响激光脚点三维坐标的各个参数能够精确测量，则由机载激光雷达测量得到的激光脚点与真实地面上的激光脚点的空间位置重合，就不会产生激光脚点定位误差。但在实际工程中，机载激光雷达系统中的各个传感器，如全球定位系统(global position system，GPS)、惯性导航系统(inertial navigation system，INS)和激光测距仪等，由于测量精度有限，总会或多或少地存在测量误差[3, 4]。上述传感器的测量误差会直接造成机载激光雷达点云数据的定位误差,进而在后续点云数据处理中,造成三维重建图像失真。机载激光雷达传感器的测量误差包含系统误差和随机误差两部分。系统误差造成的影响可以经过事前校正和事后补偿予以消除,因此机载激光雷达传感器测量误差一般主要考虑随机误差造成的影响。随机误差干扰通常表征为符合正态分布的白噪声,其对机载激光雷达点云数据的影响要比系统误差复杂,不能通过事前校正或事后补偿进行消除[5]。因此,研究随机误差对激光脚点定位精度的影响具有重要的现实意义。

机载激光雷达获得的激光点云数据的密度和分布区域会受到飞行平台的非理想变化的严重影响。理想状态下,飞机按照设计航线匀速直线飞行,机载平台姿态角保持恒定。当合理设置机载激光雷达系统工作参数,如飞行速度、飞行高度、扫描频率、脉冲发射频率、扫描视场角等,激光点云数据分布尽量规则、密度较均匀时,可满足测绘精度要求,能够最优重建真实目标三维图像。但在实际飞行中,载荷平台受各种因素干扰,如阵风、湍流、发动机振动以及控制系统的性能缺陷等,机载平台无法保持理想的匀速直线运动状态,会产生姿态角扰动(即实际姿态角与理想姿态角之间存在偏差)[6]。姿态角扰动会造成激光扫描点云数据的分布区域和密度发生显著变化。激光点云数据分布区域的变化会导致目标测量区域漏扫,特别是对于一些狭长地带的地形测绘,如公路、铁路、海岸线和电力线等,漏扫将会影响测绘产品的精度和测量效率。

激光点云数据密度变化等效于对地形测量的采样率,点云数据密度的降低导致点云数据的分辨率降低,会造成后续重建 DSM 的失真增大,降低测绘产品的质量。目前机载激光雷达的载荷安装平台有两大类:一是飞机的固定安装仓,即飞机机体本身作为激光雷达的安装平台,这种情况下,实际测量姿态角扰动较大,可达±10°以上;二是在飞机的固定安装仓上先安装机载稳定平台,再将激光雷达的各种设备安装在机载稳定平台上。机载稳定平台有多种形式,如机械阻尼式、力矩稳定式等。在这种情况下,虽然机载稳定平台对飞机机体的姿态角扰动进行了抑制,但由于机载稳定平台要安装各种载荷,其质量、体积和惯性普遍较大,可以控制在±5°以内。此残余姿态角扰动对重建 DSM 的精度仍然会造成很大的影响[7,8]。因此,针对姿态角扰动对激光扫描点云数据密度和分布区域以及 DSM 精度的影响特点进行定量评价,对提高机载激光雷达三维成像产品的精度有重要意义。

因此,提高机载激光雷达对地观测三维成像产品的精度,获得高质量的 DEM 和 DSM 产品,需要对影响机载激光雷达激光点云数据的定位精度、密度和分布区域的误差因素进行详细分析,清楚目前研究的不足,定量评价各误差因素的影响特点和大小。

本章将围绕姿态角误差因素对机载激光雷达扫描点云数据精度和三维模型重建精度的影响等展开定量分析,其中主要研究以下内容:

(1) 推演机载激光雷达误差测量原理，确定影响机载激光雷达扫描点云数据定位精度的随机测量误差因素，为工程实践中对主要误差源的抑制和补偿提供理论依据。

(2) 分析机载平台的姿态角扰动对机载激光雷达扫描点云数据分布区域和密度以及对重建 DSM 的高程精度的影响规律，采用理论分析、数值仿真和半实物仿真试验，验证并定量评价姿态角扰动的影响大小。

(3) 分析由 GPS/INS 集成测量系统引入的姿态角随机测量误差对机载激光扫描点云数据定位精度及对重建 DSM 高程精度的影响规律，采用理论分析、数值仿真和半实物仿真试验，验证并定量评价姿态角随机测量误差的影响。

6.2　机载激光雷达误差测量原理

机载激光雷达是基于激光测距和极坐标定位原理的遥感测绘技术[9]。由于机载激光雷达系统中的各种传感器测量精度有限，如 GPS/INS 组合测量系统、激光测距仪等，所获取的各种参数的测量数据，如机载平台的飞行轨迹和姿态角、激光测距值及扫描角等，不能完全反映真实值，而是存在测量误差。各参数测量数据的测量误差会降低激光定位精度，进而影响点云数据重建精度。

本节详细描述机载激光雷达对地观测工作原理，推导激光脚点三维坐标，分析影响激光脚点定位精度的误差因素并进行误差溯源。分析由激光点云数据重建 DSM 的过程，并阐述各种误差因素造成 DSM 失真的机理，为分析误差因素影响的定量评价打下研究基础。

6.2.1　机载激光雷达工作原理

机载激光雷达对地观测原理如图 6.1 所示，机载激光扫描对地观测属纯几何定位。如果实时测量出机载平台上激光发射点 O 处的空间位置和姿态角，并通过激光扫描仪获得矢径 OP (包括激光测距值和激光脉冲束指向角)，则可以确定地面激光脚点 P 的空间位置。

机载激光雷达的工作过程为：飞机以预先规划好的飞行路线匀速直线飞行(设计航线参数为在 WGS-84 坐标系下的经度、纬度、高度)；由 GPS/INS 组合装置(即 POS)通过卡尔曼滤波技术实时测量出激光测距仪中的扫描镜光学中心的空间位置和姿态角，目前 POS 装置所获得的位置精

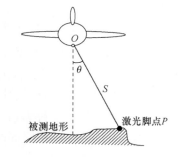

图 6.1　机载激光雷达对地观测原理图

度可达 10cm，角度精度可达 0.01°以上[10]；根据脉冲激光发射时刻和接收时刻之间的时间差计算出从激光发射点到地面激光脚点之间的距离，同时由激光扫描仪中扫描镜上的扫描角测量传感器(常用光电轴角编码器)获得此激光脉冲发射时刻的扫描角，即可确定激光极距的矢径大小和方向。根据上述传感器的测量数据，可计算出各激光发射脉冲照射在地面上的激光脚点的空间位置。大量的激光脚点形成空间点云数据，由于地形的复杂变化和测量传感器的误差存在，这些点云数据的分布通常是海量、杂乱和不规则的。经过粗差点剔除、冗余点清理、滤波等预处理，再经过插值和曲面拟合等处理，最后可形成 DEM 和 DSM 等测绘产品。

本章以旋转棱镜线扫描方式的激光扫描仪为例，进行激光脚点三维坐标建模和误差分析，参考坐标系如图 6.2 所示，主要包括五个参考坐标系。

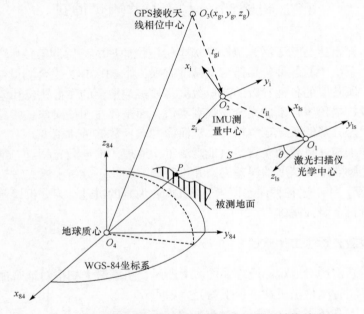

图 6.2　机载激光扫描对地定位原理和坐标系转换关系

激光扫描仪参考坐标系($O_1 x_{ls} y_{ls} z_{ls}$)：O_1 为激光扫描仪光学中心，x_{ls} 轴指向飞行方向，y_{ls} 轴指向飞机的右机翼方向，z_{ls} 轴垂直于 x_{ls} y_{ls} 平面并沿扫描天底线(扫描角 θ 为零时的激光发射线)指向下，满足笛卡儿坐标系右手法则。

惯性平台参考坐标系($O_2 x_i y_i y_i$)：O_2 为惯性测量单元(inertial measurement unit，IMU，是 INS 的核心部件)测量中心，x_{imu} 轴指向飞行方向，y_{imu} 轴指向飞机的右机翼方向，z_{imu} 轴垂直于 x_{imu} y_{imu} 平面指向下，并满足笛卡儿坐标系右手法则。

当地切平参考坐标系($O_3 x_h y_h z_h$)：O_3 为 GPS 接收天线相位中心，x_h 轴指向正北，y_h 轴指向正东，z_h 轴垂直于 $x_h y_h$ 平面沿重力垂线垂直向下，并满足笛卡儿坐标系右手法则。

当地垂直参考坐标系($O_3 x_v y_v z_v$)：O_3 为 GPS 接收天线相位中心，x_v 轴指向正北，y_v 轴指向正东，z_v 轴垂直于 $x_v y_v$ 平面沿地球椭球面法线垂直向下，并满足笛卡儿坐标系右手法则。

WGS-84 坐标系($O_4 x_{84} y_{84} z_{84}$)：O_4 为地球质心，z_{84} 轴指向国际时间局(Bureau International de l'Heure, BIH)1984.0 定义的协议地球极(conventional terrestrial pole, CTP)方向，x_{84} 轴指向 BIH 1984.0 的零子午面和 CTP 赤道的交点，y_{84} 轴与 z_{84} 轴、x_{84} 轴垂直并且三轴满足笛卡儿坐标系右手法则。

设机载激光雷达激光测距值为 S，扫描角为 θ。激光脚点 P 在 WGS-84 坐标系中的三维坐标可表示为[11-14]

$$\begin{bmatrix} x_{84} \\ y_{84} \\ z_{84} \end{bmatrix} = \begin{bmatrix} x_g \\ y_g \\ z_g \end{bmatrix} + R_{wgs} R_{geo} R_{ins} \left\{ R_\delta R_\theta \begin{bmatrix} 0 \\ 0 \\ S \end{bmatrix} - \begin{bmatrix} \Delta x_g \\ \Delta y_g \\ \Delta z_g \end{bmatrix} \right\} \tag{6-1}$$

式中，R_θ 为与扫描角有关的旋转矩阵(此矩阵形式与激光扫描仪的结构和工作方式有关)；R_δ 为从激光扫描仪参考坐标系转换到惯性平台参考坐标系的旋转矩阵，旋转角为激光扫描仪参考坐标系和惯性平台参考坐标系之间的坐标轴未对准角；R_{ins} 为惯性平台参考坐标系相对于当地切平参考坐标系的旋转矩阵，其旋转角为机载平台的姿态角，即滚转角 ω、俯仰角 ϕ 和偏航角 κ；R_{geo} 为从当地切平参考坐标系到当地垂直参考坐标系的旋转矩阵，其旋转角为当地重力垂线和椭球面法线之间的垂线偏差角；R_{wgs} 为从当地垂直参考坐标系到 WGS-84 坐标系的旋转矩阵，其旋转角为 GPS 接收天线相位中心处的经度和纬度；(x_g, y_g, z_g) 为飞机上 GPS 接收天线相位中心的三维坐标(在 WGS-84 坐标系中的测量值)；$(\Delta x_g, \Delta y_g, \Delta z_g)$ 为 GPS 接收天线相位中心相对于激光扫描仪光学中心的安装偏移量。

假设机载激光雷达的扫描区域相对地球表面很小，即可忽略地球曲率的变化。为方便计算并不失一般性，以飞行起始点的 GPS 接收天线相位中心空间位置为原点建立当地局部大地测量参考坐标系(简记为 L 坐标系)，其三轴方向分别平行于该点的当地切平参考坐标系。其中，x 轴指向正北，z 轴沿重力垂线垂直向下，y 轴垂直于 xz 平面并指向正东。激光脚点 P 的三维坐标在 L 坐标系中测量，此时 $R_{wgs} = 1$，$R_{geo} = 1$，则式(6-1)可简化为

$$\begin{bmatrix} x_p^l \\ y_p^l \\ z_p^l \end{bmatrix} = \begin{bmatrix} x_g^l \\ y_g^l \\ z_g^l \end{bmatrix} + R_{ins} \left\{ R_\delta R_\theta \begin{bmatrix} 0 \\ 0 \\ S \end{bmatrix} - \begin{bmatrix} \Delta x_g \\ \Delta y_g \\ \Delta z_g \end{bmatrix} \right\} \tag{6-2}$$

式中，(x_g^l, y_g^l, z_g^l) 是 GPS 接收天线相位中心在 L 坐标系中的飞行航迹坐标。对于摆镜式或旋转多面镜式激光扫描仪，R_θ 为沿 x 轴逆时针旋转扫描角 θ 时的旋转矩阵，即

$$R_\theta = \begin{bmatrix} 1 & 0 & 0 \\ 0 & \cos\theta & -\sin\theta \\ 0 & \sin\theta & \cos\theta \end{bmatrix} \tag{6-3}$$

R_{ins} 采用 312 型旋转矩阵[15]，即分别沿 z 轴、x 轴和 y 轴逆时针旋转偏航角 κ、滚转角 ω 和俯仰角 ϕ，为

$$R_{ins} = R_y(-\phi) R_x(-\omega) R_z(-\kappa) \tag{6-4}$$

设 R_{ins} 的具体形式为

$$R_{ins} = \begin{bmatrix} a_1 & a_2 & a_3 \\ b_1 & b_2 & b_3 \\ c_1 & c_2 & c_3 \end{bmatrix} \tag{6-5}$$

则各矩阵元素的具体表达式为

$$\begin{cases} a_1 = \cos\phi\cos\kappa + \sin\omega\sin\phi\sin\kappa \\ a_2 = -\cos\phi\sin\kappa + \sin\omega\sin\phi\cos\kappa \\ a_3 = \cos\omega\sin\phi \\ b_1 = \cos\omega\sin\kappa \\ b_2 = \cos\omega\cos\kappa \\ b_3 = -\sin\omega \\ c_1 = -\sin\phi\cos\kappa + \sin\omega\cos\phi\sin\kappa \\ c_2 = \sin\phi\sin\kappa + \sin\omega\cos\phi\cos\kappa \\ c_3 = \cos\omega\cos\phi \end{cases} \tag{6-6}$$

实际飞行过程中，机载平台的姿态角 (ω, ϕ, κ) 变化会使飞行航迹 (x_g^l, y_g^l, z_g^l) 也随之变化，即

$$\begin{bmatrix} x_g^l \\ y_g^l \\ z_g^l \end{bmatrix} = \begin{bmatrix} \int_0^t (\cos\phi\cos\kappa + \sin\omega\sin\phi\sin\kappa) v \mathrm{d}t \\ \int_0^t (\cos\omega\sin\kappa) v \mathrm{d}t \\ \int_0^t (-\sin\phi\cos\kappa + \sin\omega\cos\phi\sin\kappa) v \mathrm{d}t \end{bmatrix} \tag{6-7}$$

式中，t 为飞行时间；v 为飞机的瞬时飞行速度，随时间而变化。

将式(6-3)～式(6-7)代入式(6-2)中，可获得激光脚点 P 在 L 坐标系中的详细三维坐标表达式，如下所示：

$$
\begin{cases}
\begin{aligned}
x_{\mathrm{p}}^{\mathrm{l}} = {} & x_{\mathrm{g}}^{\mathrm{l}} + [(\cos\phi\sin\kappa - \sin\phi\sin\omega\cos\kappa)\sin\theta + \sin\phi\cos\omega\cos\theta]S \\
& - (\cos\phi\cos\kappa + \sin\phi\sin\omega\sin\kappa)\Delta x_{\mathrm{g}} \\
& + (\cos\phi\sin\kappa - \sin\phi\sin\omega\cos\kappa)\Delta y_{\mathrm{g}} - \sin\phi\cos\omega\Delta z_{\mathrm{g}} \\
y_{\mathrm{p}}^{\mathrm{l}} = {} & y_{\mathrm{g}}^{\mathrm{l}} - (\cos\omega\cos\kappa\sin\theta + \sin\omega\cos\theta)S - \cos\omega\sin\kappa\Delta x_{\mathrm{g}} \\
& - \cos\omega\cos\kappa\Delta y_{\mathrm{g}} + \sin\omega\Delta z_{\mathrm{g}} \\
z_{\mathrm{p}}^{\mathrm{l}} = {} & z_{\mathrm{g}}^{\mathrm{l}} + [\cos\phi\cos\omega\cos\theta - (\sin\phi\sin\kappa + \cos\phi\sin\omega\cos\kappa)\sin\theta]S \\
& + (\sin\phi\cos\kappa - \cos\phi\sin\omega\sin\kappa)\Delta x_{\mathrm{g}} \\
& - (\sin\phi\sin\kappa + \cos\phi\sin\omega\cos\kappa)\Delta y_{\mathrm{g}} - \cos\phi\cos\omega\Delta z_{\mathrm{g}}
\end{aligned}
\end{cases}
\tag{6-8}
$$

由式(6-8)可看出，影响激光点云数据质量的因素有两大类：一是飞行参数的变动，如机载平台姿态角扰动等，会影响激光点云数据的分布区域和密度；二是各参数的测量误差，如姿态角测量误差(即测量值与真实值之差)，会影响激光测量点的定位精度，影响进一步的三维成像精度。

以机载平台的姿态角扰动和姿态角测量误差(由 POS 测量装置产生)为例，分析两种因素对激光点云数据质量的影响。理想飞行状态时，即飞机按照设计航线匀速直线飞行，飞行速度为常数。此时，滚转角和俯仰角为零，偏航角为某常数 κ_0(与设计航线与正北方向之间的夹角有关)。设理想激光测距值为 S_{i}，下标 i 表示理想值。将各参数的理想值(设计的期望值)代入式(6-8)，则可得理想激光脚点三维坐标为

$$
\begin{bmatrix}
x_{\mathrm{pi}}^{\mathrm{l}} \\
y_{\mathrm{pi}}^{\mathrm{l}} \\
z_{\mathrm{pi}}^{\mathrm{l}}
\end{bmatrix}
=
\begin{bmatrix}
vt\cos\kappa_0 + S_{\mathrm{i}}\sin\kappa_0\sin\theta \\
vt\sin\kappa_0 - S_{\mathrm{i}}\cos\kappa_0\sin\theta \\
S_{\mathrm{i}}\cos\theta
\end{bmatrix}
\tag{6-9}
$$

在实际飞行中，由于各种误差因素的干扰，机载平台不能保持理想设计飞行状态，滚转角、俯仰角和偏航角的真实值分别为 ω_{r}、ϕ_{r} 和 κ_{r}，机载平台的真实姿态角相对于理想姿态角存在姿态角扰动，设滚转角、俯仰角和偏航角的扰动分别为 $\Delta\omega_{\mathrm{d}}$、$\Delta\phi_{\mathrm{d}}$ 和 $\Delta\kappa_{\mathrm{d}}$；真实的激光测距值为 S_{r}，其中下标 r 表示真实值。将各参数的真实值代入式(6-8)中，则可得真实激光脚点坐标 $(x_{\mathrm{pr}}^{\mathrm{l}}, y_{\mathrm{pr}}^{\mathrm{l}}, z_{\mathrm{pr}}^{\mathrm{l}})$，如式(6-10)所示：

$$
\begin{bmatrix} x^1_{pr} \\ y^1_{pr} \\ z^1_{pr} \end{bmatrix} = \begin{bmatrix} \int_0^t [\cos\Delta\phi_d\cos(\kappa_0+\Delta\kappa_d)+\sin\Delta\omega_d\sin\Delta\phi_d\sin(\kappa_0+\Delta\kappa_d)]vdt \\ \quad +\{\cos\Delta\phi_d\sin(\kappa_0+\Delta\kappa_d)\sin\theta \\ \quad -\sin\Delta\phi_d\sin\Delta\omega_d\cos(\kappa_0+\Delta\kappa_d)\sin\theta+\sin\Delta\phi_d\cos\Delta\omega_d\cos\theta\}S_r \\ \int_0^t [\cos\Delta\omega_d\sin(\kappa_0+\Delta\kappa_d)]vdt-[\cos\Delta\omega_d\cos(\kappa_0+\Delta\kappa_d)\sin\theta+\sin\Delta\omega_d\cos\theta]S_r \\ \int_0^t [-\sin\Delta\phi_d\cos(\kappa_0+\Delta\kappa_d)+\sin\Delta\omega_d\cos\Delta\phi_d\sin(\kappa_0+\Delta\kappa_d)]vdt \\ \quad +[-\sin\Delta\phi_d\sin(\kappa_0+\Delta\kappa_d)\sin\theta \\ \quad -\cos\Delta\phi_d\sin\Delta\omega_d\cos(\kappa_0+\Delta\kappa_d)\sin\theta+\cos\Delta\phi_d\cos\Delta\omega_d\cos\theta]S_r \end{bmatrix}
$$

$$(6\text{-}10)$$

将式(6-10)减去式(6-9)，可得由姿态角扰动造成的真实激光脚点相对于理想激光脚点的三维坐标偏差为

$$
\begin{bmatrix} \Delta x_{pd} \\ \Delta y_{pd} \\ \Delta z_{pd} \end{bmatrix} = \begin{bmatrix} x^1_{pr} \\ y^1_{pr} \\ z^1_{pr} \end{bmatrix} - \begin{bmatrix} x^1_{pi} \\ y^1_{pi} \\ z^1_{pi} \end{bmatrix}
$$

$$(6\text{-}11)$$

通过分析此偏差值，可获得激光点云数据分布区域和密度的变化特点。

另外，设由 POS 装置获得的滚转角、俯仰角和偏航角的测量值分别为 ω_m、ϕ_m 和 κ_m，三个姿态角的测量误差分别为 $\Delta\omega_m$、$\Delta\phi_m$ 和 $\Delta\kappa_m$，其中下标 m 指测量值。测量值和真实值满足以下关系：$\omega_m=\omega_r+\Delta\omega_m$、$\phi_m=\phi_r+\Delta\phi_m$ 和 $\kappa_m=\kappa_r+\Delta\kappa_m$。将各参数的测量值代入式(6-8)中，则可得测量的激光脚点坐标，记为 $(x^1_{pm},y^1_{pm},z^1_{pm})$。由测量激光脚点坐标 $(x^1_{pm},y^1_{pm},z^1_{pm})$ 和真实激光脚点坐标 $(x^1_{pr},y^1_{pr},z^1_{pr})$，可得由姿态角测量误差造成的激光点定位误差为

$$
\begin{bmatrix} \Delta x_{pm} \\ \Delta y_{pm} \\ \Delta z_{pm} \end{bmatrix} = \begin{bmatrix} x^1_{pm} \\ y^1_{pm} \\ z^1_{pm} \end{bmatrix} - \begin{bmatrix} x^1_{pr} \\ y^1_{pr} \\ z^1_{pr} \end{bmatrix}
$$

$$(6\text{-}12)$$

对于目标扫描区域所获得的整个激光点云数据，其三维误差可采用所有激光测量点三维坐标误差的均方根值(root mean square，RMS)统计值表示为

$$
\begin{bmatrix} e_{px} \\ e_{py} \\ e_{pz} \end{bmatrix} = \begin{bmatrix} \sqrt{\sum_{k=1}^{M}[\Delta x_{pm}(k)]^2/M} \\ \sqrt{\sum_{k=1}^{M}[\Delta y_{pm}(k)]^2/M} \\ \sqrt{\sum_{k=1}^{M}[\Delta z_{pm}(k)]^2/M} \end{bmatrix}
$$

$$(6\text{-}13)$$

式中，k 为激光点的序号；M 为激光点云数据中激光点的总数。e_{px}、e_{py} 和 e_{pz} 从整体上描述了激光点云数据中所有激光测量点的 x、y 和 z 三个坐标的误差大小，故可以作为由姿态角测量误差造成的激光点云数据定位精度的评价指标。

其他参数如飞行轨迹、扫描角等的测量误差，以及机载平台飞行轨迹运动误差、姿态角测量误差和姿态角扰动对激光点云数据的影响以此类推。

6.2.2　激光点云数据形成数字表面模型的方法

获得了大量空间离散的激光点云数据后，需要进行后续的插值和曲面拟合，形成被测地形的重建曲面模型，即 DSM 等。DSM 的重建过程如下所述。

设被测地形可用函数 $z = F(x, y)$ 来近似表达，其中，x、y、z 分别为用户指定坐标系下地形的三维坐标值。在矩形网格上对被测地形进行采样，采样信号记为 $F(n_1\Delta x, n_2\Delta y)$，其中，$\Delta x$、$\Delta y$ 是沿 x、y 方向的采样周期，$n_1, n_2 \in \mathbf{Z}$（整数集）。由 Whittaker-Shannon 定理可知[16]，利用采样信号和 sinc 函数的卷积运算可以重建被测地形的 DSM。设重建的 DSM 函数记为 $F'(x, y)$，则

$$F'(x, y) = \sum_{n_1, n_2} F(n_1\Delta x, n_2\Delta y) \mathrm{sinc}\left(\frac{x}{\Delta x} - n_1, \frac{y}{\Delta y} - n_2\right) \tag{6-14}$$

$$\mathrm{sinc}(x, y) = \frac{\sin(\pi x)}{\pi x} \frac{\sin(\pi y)}{\pi y} \tag{6-15}$$

由采样定理可知，当被测地形函数频率有限且激光点云数据的采样频率大于原地形最高频率的 2 倍以上时，由采样信号 $F(n_1\Delta x, n_2\Delta y)$ 通过式(6-14)生成的 DSM 函数 $F'(x, y)$ 可完全无失真地恢复原地形函数 $F(x, y)$。

但实际的 DSM 重建过程不可能采用无限支持集的 sinc 函数，而是需要构造具有有限支持集的核函数来逼近理想的 sinc 函数。工程实际中，通常采用多项式方程对空间离散的激光点云数据进行曲面拟合，形成 DSM 来逼近真实被测地形。多项式方程的一般形式为

$$F'(x, y) = \sum_{i=0}^{m} \sum_{j=0}^{n} a_{ij} x^i y^j \tag{6-16}$$

式中，a_{ij} 是多项式的系数；m 和 n 分别是 x 和 y 的最高阶次系数。

式(6-16)由于采用具有有限支持集核函数的多项式重建 DSM，从而会产生截断效应，使重建 DSM 的精度降低。在不考虑激光脚点定位误差的情况下，即使激光点云数据的采样频率等于或大于 2 倍的被测地形函数的奈奎斯特(Nyquist)频率，重建的 DSM 也不能完全无失真地恢复真实地形，只能是在满足一定精度条件下的逼近。由于采样数据的量化误差和其他噪声源的影响，实际获得的激光扫

描点坐标都或多或少存在定位误差，所以三维重建 DSM 的精度不仅取决于激光点云数据的定位误差，还取决于采用的曲面拟合多项式的形式、激光点云数据密度(即采样频率的大小)等。确定了采用的曲面拟合方程的具体形式后，激光点云数据的采样频率相对于被测地形 Nyquist 频率的倍数越大，则 DSM 失真越小、精度越高。

因此，在实际应用中，要使重建的 DSM 的精度满足某精度要求，则激光点云数据的采样频率(与密度密切相关)通常满足：

$$f_{s_x} > \rho_x f_{h_x}$$
$$f_{s_y} > \rho_y f_{h_y}$$
(6-17)

式中，ρ_x、ρ_y 分别表示当重建的 DSM 满足一定精度要求时，在 x 方向和 y 方向上最小采样频率的倍数；f_{s_x} 和 f_{s_y} 分别表示激光点云数据在 x 方向和 y 方向上的采样频率；f_{h_x} 和 f_{h_y} 分别表示被测地形函数在 x 方向和 y 方向上的最高频率。

三维曲面插值是指利用激光采样点的某些相关信息，如曲面的拓扑结构、采样数据的结构、曲面的法向信息等，来构造插值曲面。目前，DSM 重建过程中主要的曲面插值方法有以下几种：

(1) 基于四边域的插值算法，主要有 Coons 曲面插值和 Ferguson 曲面插值[17]。但该类方法需要较多的边界条件，不适用于大量数据的插值。

(2) 基于三边域的插值算法，主要有三种：①三角 Bernstein-Bezier 曲面，此方法适合于有明确分布规律的点集[18]；②直接进行三角网格细分的方法，这类方法是直接对三角网格进行细分，从而达到 $C1$ 或 $G1$ 连续，主要有 Loop 细分、Catmull-Clark 细分、蝶形细分和改进蝶形细分等[19-21]；③三角面片构造空间自由曲面，如 Delaunay 三角剖分方法，这种方法特别适合于对空间散乱的机载扫描激光点云数据的曲面重建，目前得到了广泛应用[22-24]。

6.2.3　数字表面模型高程精度的定量评价

由于机载激光雷达测量数据的获取过程中会受多方面因素的影响，如飞行平台的运动误差、各种传感器的测量误差以及地形的高低起伏变化等，获得的激光点云数据通常是散乱分布的。因此，工程实际中构造 DSM 的方法通常采用上述基于 Delaunay 三角剖分方法，即首先将空间离散激光点云数据基于 Delaunay 三角形成方式形成不规则三角网(triangular irregular network，TIN)，然后进行基于 TIN 模型的三次多项式曲面拟合[25,26](此方法以下简记为 Cubic-Surf 方法)方式，来获得激光点云数据的重建 DSM。

为了定量描述重建的 DSM 的高程精度：首先，获得足够逼近被测地形、足够数量且均匀分布的参考点，其高程看作被测地形的高程真值，记为 Z_i；其次，对获得的激光点云数据采用 Cubic-Surf 方法形成 DSM,并在各个参考点的平面位置对重建的 DSM 进行插值,获得相应的拟合高程值,记为 z_i';最后,将 z_i' 值与相应参考点上的高程真值 Z_i 进行比较,获得拟合高程误差值。将所有参考点上重建 DSM 的拟合高程误差值的 RMS 统计值记为 e_{dsm},其具体计算公式为

$$e_{dsm} = \sqrt{\sum_{i=1}^{N}(z_i' - Z_i)^2 / N} \tag{6-18}$$

式中,i 为参考点的序号;N 为参考点的总数。e_{dsm} 值从整体上描述了重建 DSM 的高程值相对于被测地形高程真值的偏离程度,故常作为定量评价重建 DSM 精度的指标之一,即 DSM 的高程精度。

　　另外,在相同的参考点下,分别计算无、有姿态角随机测量误差影响下获得的激光点云数据所形成的 DSM 高程精度评价指标 e_{dsm} 值,并计算得到两者的差值。此差值用来定量评价 POS 的姿态角随机测量误差对重建 DSM 高程精度的影响。

6.2.4　重建数字表面模型精度的误差因素分析

　　国内外许多学者对提高机载激光雷达点云数据和三维产品精度做了大量的研究工作。下面根据 DSM 的形成过程,分析影响机载激光雷达重建 DSM 精度的误差因素,并分析提高 DSM 精度的途径和措施。图 6.3 为影响重建 DSM 精度的误差因素拓扑图。由图可见,从真实被测地形到重建的 DSM,首先通过激光雷达扫描系统的测量过程,获得激光点云数据,再通过插值及曲面拟合处理,最后形成DSM。其中主要有两个环节会影响三维成像的失真:一是在原始数据的采集方面,机载平台的运动误差和激光雷达扫描系统中的各传感器的测量误差;二是在激光点云数据后处理方面,即插值及曲面拟合处理方法。本节重点介绍机载平台的运动误差和激光雷达扫描系统的各传感器测量误差对三维成像精度的影响。

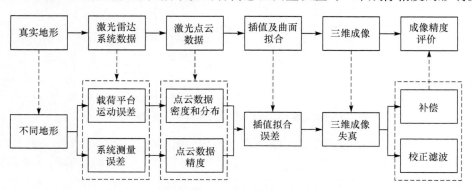

图 6.3　影响重建 DSM 精度的误差因素拓扑图

　　从原始数据采集角度来说，影响机载激光雷达重建 DSM 精度的误差因素主要有两大部分：一是各种传感器的测量误差，包括粗差、系统误差和随机误差；二是机载平台的运动误差，包括飞行轨迹运动误差和姿态角扰动，此类误差会造成激光点云数据的分布区域和密度发生变化，即改变采样频率和测量地形，从而造成在后续曲面拟合过程中出现重建 DSM 的失真。

　　通过分析机载激光雷达地面测绘工作原理可知，假设在 WGS-84 坐标系中，要想获得被测地面激光采样点的三维数据，主要需要三个数据集的支持[27]：一是 GPS、IMU 和激光扫描仪之间的空间位置校正值数据集(包括位置偏移量和坐标轴未对准角偏差)；二是飞行平台的空间位置和姿态角值数据集；三是激光测距和扫描角值数据集。由于需要采用计算机进行数据处理，相应地会有计算机数据处理的舍入误差和数值计算过程中的截断误差，以及各采集数据的时间同步误差等。影响机载激光雷达测量激光点定位精度的测量误差溯源拓扑图如图 6.4 所示。

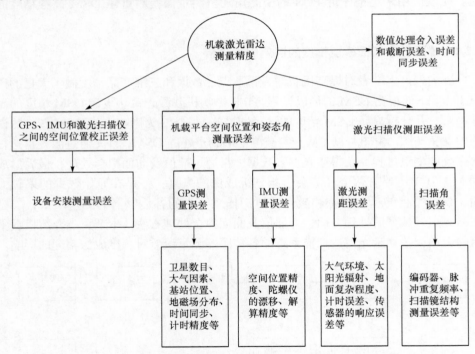

图 6.4　影响激光点定位精度的测量误差溯源拓扑图

　　综上所述，影响机载激光雷达激光测量点定位精度的误差因素主要有三种[28-31]。一是各传感器的测量误差，如激光扫描仪的测距误差、光电轴角编码器测扫描角的误差、GPS/INS 集成传感器对机载平台飞行轨迹和姿态角的测量误差等。二是系统集成误差，包括两方面：①各子系统(即激光扫描仪、INS 和 GPS)之间的空间位置参数的测量误差；②各子系统数据采集时的时间同步误差。由于每个激光脉冲测量时各传感器的测量数据都是独立采集的，系统集成要求各传感器采集的数据要严格时间同步。但不同传感器的数据采集频率不同，例如，GPS数据采样率为 1～20Hz，INS 为 8～256Hz，而激光雷达的激光发射脉冲重复频率一般为 100kHz，甚至高达 600kHz。要想获得与每个激光脉冲发射时刻严格同步的 GPS 和 INS 数据，就需要对 GPS 和 INS 采集的数据进行插值来进行时间同步匹配，而插值过程会引入时间同步误差。三是计算误差，如采用不同的数值计算方法，会有不同的截断误差；使用的计算机由于计算位数有限，存在工具误差。

随着计算机性能的提高以及采用更精确的数值计算方法，第三种误差的影响固定且相对第一种误差和第二种误差影响很小，可忽略。机载激光雷达测绘技术从本质上讲是纯几何定位的，且激光点三维坐标的计算是开环计算的，其精度取决于各种参数测量数据的精度，故前两种误差可统一归结为各种测量参数的测量误差，其对激光点的定位精度起主要作用。

根据测量参数的性质，第一种误差即传感器的实时测量误差，由于测量过程中传感器受到多种复杂因素的影响，测量误差的分布是随机的，属于随机误差。第二种误差是由于系统结构造成或安装时引起的误差，通常是固定值，属于系统误差。系统误差对激光点定位精度的影响相对简单，容易分析和比较，而随机误差的影响则较复杂，其影响大小和排序较难分析，需要采用统计分析的方法实现。

另外，在机载激光雷达数据预处理过程中有数据滤波处理，此操作处理不是为了消除随机误差，而是将被扫描地形的地面物体扫描激光点与地面上扫描激光点分离，以获得地面物体形态和地面的 DEM。目前用于机载激光点云数据滤波的方法绝大部分都是基于激光数据点的高程突变等进行的，大致可分为形态学滤波法、移动窗口法、迭代线性最小二乘内插法、基于地形坡度滤波等。

影响机载激光雷达激光点定位精度的被测参量较多，同时各被测参量的测量误差相互间可能存在耦合关系，它们共同作用造成激光脚点的定位误差。因此，针对各参量的测量误差对激光点定位精度的影响有两种研究方法：一是分析单个参量测量误差的影响；二是对所有参量的随机测量误差影响进行综合分析。以下是对两种研究的综述。

目前国内外关于机载激光扫描系统中各种参数的测量误差对激光脚点定位精度的影响已有较多研究，其中大多数研究主要针对单个参数测量误差的影响进行分析。一般机载激光雷达系统中各参数的系统误差及其典型值如表 6.1 所示[11]。

表 6.1　常用的机载激光雷达系统各参数的系统误差及其典型值

系统误差	典型值
测距误差	5~10cm
扫描角误差	零位未对准误差 0.02°，扫描角误差 0.03°
激光测距仪与 IMU 的未对准空间角	飞行作业前 0.3°，作业校正后 0.01°
激光测距仪与 IMU 的空间位置偏差	3cm
姿态角系统误差(时间漂移)	0.01°
GPS 测量系统误差	10cm
GPS 与 IMU 的空间位置偏差	3cm
垂线偏差	0.017°(最大值)
飞行轨迹误差(由时间同步误差引起)	1cm(当时间同步精度<10^{-4}s 时)

以上关于各种误差因素的影响研究往往只针对其中一个误差因素的单独影响进行分析，且研究时屏蔽了其他误差因素可能存在的耦合影响。而实际中，各种测量误差因素对机载激光雷达测量精度的影响不是独立的，而可能是相互交叉影响且非常复杂的。对误差因素综合影响特点的分析有助于研究人员和设计人员掌握机载激光雷达测量误差中各误差因素影响的误差分配，清楚哪些误差因素的影响是显著的，哪些误差因素的影响是可忽略的。

6.2.5　机载平台运动误差对数字表面模型重建精度的影响

在外部环境与内部干扰因素影响下，飞行平台在多维空间上的非理想匀速直线运动不可避免。飞行器受到气流扰动等因素的影响，会发生质心移动、绕质心转动、机体振动和弹性变形等现象，引发飞行器的稳定性和振动问题。同时，飞行器的振动又会引起载荷平台的振动，形成机载激光雷达对地观测系统中的平台复合振动。

机载平台的航迹参数(如飞行高度、飞行速度等)和姿态角的非理想变化，会影响激光扫描点云数据的密度和分布区域状态，即会改变激光点云数据的地面采样频率。而机载激光雷达扫描点云数据的采样频率是保证 DEM 和 DSM 质量的决定性因素，因此机载平台的非理想变化会使完整再现被测地面的三维形态失真，严重影响测绘产品的质量。

机载平台的飞行轨迹和姿态角偏离理想的匀速直线运动状态的数值称为平台运动轨迹(包括水平轨迹和飞行高度)扰动和姿态角扰动。机载平台的姿态角扰动对机载激光点云数据影响会随飞行高度的增加而增大，需要对其深入研究。

设机载激光雷达在理想飞行状态(即姿态角扰动为零)时扫描的地面激光脚点为理想激光脚点 P_i，在实际飞行状态(机载平台有姿态角扰动)时扫描的地面激光脚点为真实激光脚点 P_r，而通过机载激光雷达系统中的各种传感器获得的参数测量值经计算得到的激光脚点称为测量激光脚点 P_m。图 6.5 描述了只考虑一个姿态角(即滚转角)时，三种激光点的空间位置与姿态角扰动及姿态角测量误差的对应关系。考虑两个或三个姿态角时的情况与此相似。

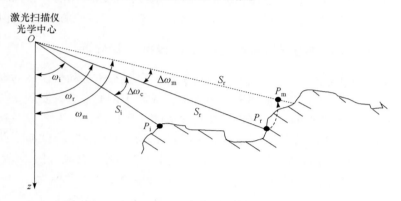

图 6.5　理想激光脚点、真实激光脚点及测量激光脚点的空间位置关系

图 6.5 中，ω_i 为期望滚转角，真实滚转角为 $\omega_r = \omega_i + \Delta\omega_c$，其中，$\Delta\omega_c$ 是姿态角扰动；测量姿态角为 $\omega_m = \omega_r + \Delta\omega_m$，其中，$\Delta\omega_m$ 为姿态角测量误差。计算 P_m 时测距值为 S_r(忽略了激光测距误差的影响)，即真实激光脚点 P_r 的真实激光测距值。可见，由于姿态角扰动的影响，P_r 的空间位置相对于 P_i 有所偏移。而通过机载激光雷达测量获得的激光脚点 P_m，由于姿态角测量误差的影响，偏离了被测地形表面，直接造成激光脚点定位误差，进而将导致重建 DSM 失真。

矢量 $P_r P_m$ 反映了姿态角测量误差造成的激光脚点定位误差，主要造成点云数据测量精度的降低；矢量 $P_i P_r$ 反映了姿态角扰动造成的地面激光脚点空间位置偏移，主要造成点云数据分布区域和点密度的变化。由于机载激光雷达的三维表面成像(即重建 DSM)是采用 P_m 点云数据形成的，而上述两个因素(即姿态角扰动和姿态角测量误差)均会影响三维成像的精度。因此，要实现高精度的机载激光雷达三维成像，须从姿态角扰动和姿态角测量误差两方面进行深入研究。

本章所指的关于机载激光雷达的姿态角扰动补偿指激光雷达设备已安装在机载稳定平台上，存在机载稳定平台的残余姿态角扰动对机载激光雷达扫描点云数据和成像精度的影响。本章主要针对姿态角随机误差对激光点云数据定位精度和 DSM 精度的影响进行数值仿真、半物理仿真试验及定量评价。

6.3　姿态角扰动对激光雷达点云数据分布的影响

机载平台飞行高度越高，相同的姿态角扰动对激光点云点密度和分布的影响越大。激光点云数据的点密度越高、分布越均匀，DSM 的精度就越高。本节的主要内容是研究机载平台的姿态角扰动对激光雷达扫描点云数据的分布区域和点密度的影响特点及规律，并定量评价姿态角扰动对重建 DSM 高程精度的影响。

6.3.1　姿态角扰动对数字表面模型高程精度影响的理论分析

由 6.2 节中推导出的式(6-11)可以获得机载平台姿态角扰动条件下的地形的三维激光点云数据。为了定量描述姿态角扰动造成的 DSM 失真，要预先获得被测地形的参考点，参考点的高程值看作被测地形的高程真值，记为 Z_r。对获得的受姿态角扰动影响的扫描激光点云数据，采用 Cubic-Surf 方法重建 DSM，并在参考点平面坐标位置上对 DSM 进行插值计算，获得 DSM 的拟合高程值，记为 Z_{dsm}。将 Z_{dsm} 与相应参考点的高程真值 Z_r 相比较，获得拟合高程误差值为

$$e_f(k) = [Z_{dsm}(k) - Z_r(k)], \quad k = 1, 2, \cdots, M \tag{6-19}$$

式中，k 为参考点的序号；M 为参考点的总数。则 DSM 的高程精度可用 DSM 在各参考点上的拟合高程误差值的 RMS 表示为

$$e_{dsm(C_\cdot)} = \sqrt{\frac{\sum_{k=1}^{M}[Z_{dsm}(k) - Z_r(k)]^2}{M}} \tag{6-20}$$

式中，下标 $(C_\cdot)$ 表示用来重建被评价的 DSM 的激光点云数据。

为了描述姿态角扰动对 DSM 高程精度的影响，在相同的激光扫描工作条件下，分别获得有姿态角扰动和无姿态角扰动影响时的两种激光扫描点云数据，分别记为 C_{yd} 和 C_{nd}；然后，在相同的参考点下，计算有、无姿态角扰动影响下的两种激光点云数据重建的 DSM 的精度评价指标 $e_{dsm(C_{yd})}$ 和 $e_{dsm(C_{nd})}$ 值，则姿态角扰动对 DSM 精度的影响可定量评价为

$$\Delta e_{ad} = e_{dsm(C_{yd})} - e_{dsm(C_{nd})} \tag{6-21}$$

式中，Δe_{ad} 为机载平台的姿态角扰动对 DSM 高程精度影响的评价指标。

6.3.2　姿态角扰动数值仿真

设飞行高度为 500m，飞行速度为 60m/s，激光扫描仪采用旋转多面棱镜线扫描方式，扫描视场角为±22.5°，总扫描时间为 2s。设机载平台的三个姿态角的理

想值均为零。由文献[32]中小型固定翼飞机的实测试验可知，飞机实际飞行过程中，姿态角扰动不断变化，其中，偏航角扰动在−2.5°～+2.5°，俯仰角扰动在−1.5°～+1.5°，而滚转角扰动在−3.0°～+3.0°，且其大体形状接近简谐变化。另外，由于在干扰因素作用下机载平台的姿态角任意扰动均可分解为正弦函数的叠加，故为了运算简单并不失一般性，设滚转角、俯仰角和偏航角扰动均为幅值 3°、频率 0.5Hz 的正弦变化，同时设其初相位均为零，以此典型的姿态角扰动函数来研究机载平台的姿态角扰动对机载激光扫描点云数据分布区域和密度以及对重建 DSM 精度的影响规律。脉冲重复频率为 1kHz，扫描频率为 20Hz，扫描行的激光点数为 50 个。

　　图 6.6 为机载平台姿态角扰动对激光点云数据分布和密度的影响。P_i 代表理想激光点云数据(实心圆点)，由图 6.6 可见，当没有受到姿态角扰动的影响时，激光点云数据的分布区域近似是一个规则的矩形分布，并具有较均匀的点分布密度。理想激光点云数据 P_i 的扫描带宽为 414.21m，平均扫描线间距(沿 x 方向)约 3.00m，平均扫描点间距(沿 y 方向)约 8.28m。P_r 代表真实激光点云数据(实心三角点)，即受到机载平台的姿态角扰动影响时的激光扫描点云数据，在姿态角扰动的影响下，真实激光点云数据 P_r 的覆盖区域与理想激光点云数据 P_i 相比发生了偏离，并且 P_r 的点密度分布变得很不均匀。

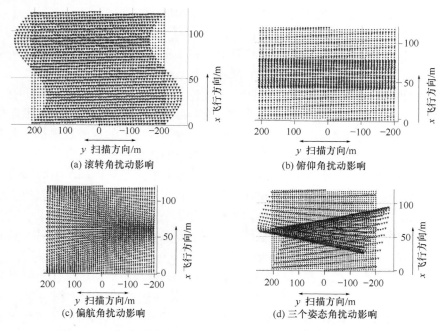

(a) 滚转角扰动影响

(b) 俯仰角扰动影响

(c) 偏航角扰动影响

(d) 三个姿态角扰动影响

图 6.6　机载平台姿态角扰动对激光点云数据分布和密度的影响

由式(6-13)可得真实激光脚点 P_r 与理想激光脚点 P_i 相比较的三维坐标偏移的 RMS 值，其直方图如图 6.7 所示。图 6.7 反映了在姿态角扰动的影响下，造成的激光点云数据在三维坐标方向上的整体偏移量，从中可以分析姿态角扰动对激光点云数据分布区域和密度的影响规律。

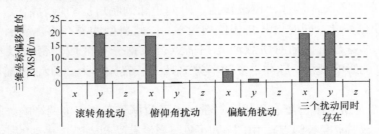

图 6.7　姿态角扰动造成的激光点云数据三维坐标偏移量的 RMS 统计直方图

在本节的数值仿真试验中，同样采用了平面地形模型，取消地形高程起伏变化的影响干扰，而考虑机载平台姿态角扰动对激光点云数据的影响。对于平面地形，所获得的每个激光脚点的 z 坐标始终是相同的。因此，在图 6.7 中，真实激光点云数据相对于理想激光点云数据的 z 坐标偏移量的 RMS 值始终为零。但只通过分析激光脚点的平面坐标的变化情况，就可分析出机载平台的姿态角扰动对激光点云数据的覆盖区域和点密度的影响特点和规律。

由图 6.6 和图 6.7 的数值仿真结果可得出如下结论：

(1) 滚转角扰动影响扫描方向(y 方向)上的激光点云数据分布，而对行间距和每行中的点间距几乎没有影响。

(2) 俯仰角扰动影响点云数据密度。由于俯仰角扰动造成扫描行的间距发生较大变化，使大部分扫描区域的扫描行间距变得很稀疏，有的扫描行间距变化达到理想点云数据行间距的 3 倍以上，从而导致该局部区域的点云数据密度大大降低，而俯仰角扰动对点云数据的覆盖区域分布影响极小。

(3) 偏航角扰动影响点云数据密度，但是远小于俯仰角扰动产生的影响。偏航角扰动使激光扫描行相对于 y 方向发生了倾斜，其倾斜角大小与偏航角扰动大小一致。沿飞行方向上扫描点云数据的中轴线看，由于各条扫描线倾斜角不同(随偏航角扰动而变化)，当一侧的扫描线集束时，点云数据密度增大，则另一侧的扫描线必发散，使点云数据密度降低。

(4) 三个姿态角扰动同时存在时，集合了三个姿态角扰动单独作用时对激光扫描点云数据的影响特点，一方面造成点云数据扫描区域水平偏移，产生“S”形扭动，可能导致目标扫描地形漏扫；另一方面造成点云数据密度分布变得很不均匀，部分区域的激光点云数据会变密，但大部分区域的激光点云数据密度降低，变得很稀疏。点云数据密度降低区域的激光点重建的 DSM 失真会增大，从而会降低测绘产品的整体质量。

6.3.3　姿态角扰动半实物仿真试验

　　为了验证理论部分，通过半实物仿真试验可以模拟三种姿态角扰动产生的影响。半实物仿真试验系统的组成照片如图 6.8 所示，主要包括五个部分：①控制和数据采集计算机，实现对三轴转台、三维移动平台的控制，以及对激光测距仪的控制和数据采集；②三轴转台，用于模拟机载平台的姿态角扰动和激光扫描仪的二维扫描过程，转角精度为 $0.001°(1\sigma)$；③三维移动平台，用于模拟机载平台的飞行过程，位移精度为 $5\,\mu m(1\sigma)$；④激光测距仪，测距精度 2mm；⑤被测地形模型。

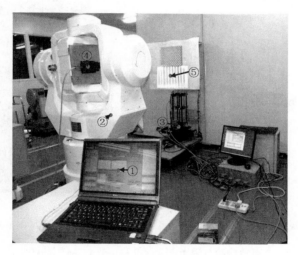

图 6.8　半实物仿真试验系统组成照片

　　模拟试验中的机载激光雷达测量系统的参数值为：脉冲重复频率为 10kHz，飞行速度为 60m/s，扫描视场角为 25°(±12.5°)。为获得不同点密度的激光点云数据，分别设定了三种扫描频率进行扫描，即 66.7Hz、100Hz 和 200Hz。

　　各设备的安装如下所述：激光测距仪固定安装在三轴转台的平台上，激光测距仪的激光发射点与三轴转台的旋转中心重合。三轴转台的内轴匀速摆动(视场角为 25°)，带动激光测距仪左右摆动实现二维激光扫描过程。被扫描地形模型采用侧向安装方式固定安装在三维移动平台上，三维移动平台的 z 轴由上向下匀速移动，用于模拟飞机的匀速飞行。从三轴转台的旋转中心到被测模型的底平面的垂直距离约为 1310mm。控制和数据采集计算机采用精确位置同步方式，通过 RS-232 串口通信实现对三轴转台、三维移动平台和激光测距仪的时间同步控制及实现测距数据的采集，模拟机载激光雷达系统的工作过程。另外，三轴转台还要模拟机载平台的姿态角扰动状态，试验过程中分别给三轴转台的内轴、中轴和外轴施加幅值为 3°、频率为 0.5Hz 的正弦变化(初相位均为零)，来模拟实际飞行时机载平台的滚转角、俯仰角和偏航角扰动。获得的激光扫描点云数据及重建的 DSM 如图 6.9 所示。

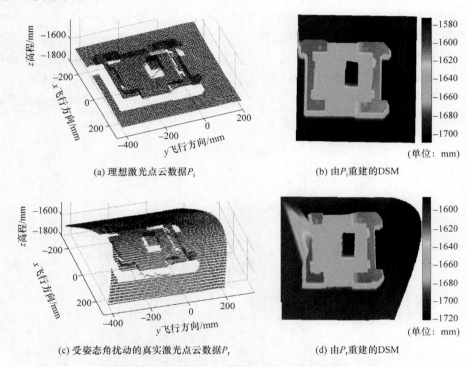

(a) 理想激光点云数据P_i　　　　　　　　　　　(b) 由P_i重建的DSM

(c) 受姿态角扰动的真实激光点云数据P_r　　　　(d) 由P_r重建的DSM

图 6.9　姿态角扰动对激光点云数据和重建 DSM 影响的定性分析

由图 6.9 可见，由于机载平台的姿态角扰动的影响，真实激光点云数据 P_r 的分布区域产生了"S"形偏移，导致地形模型的部分区域漏扫，使三维成像与真实地形相比有所缺失。另外，P_r 的点密度不再均匀分布，虽然在一小部分区域中的点云数据密度会增大，但大部分区域中的激光点云数据密度减小，同时由 P_r 重建的 DSM 失真增大。因此，当机载激光雷达系统的机载平台产生姿态角扰动时，激光扫描点云数据的分布区域和密度发生较大变化，同时，重建的 DSM 精度有所降低。

由以上结果可知，机载平台的姿态角扰动对激光点云数据分布区域和密度以及对 DSM 高程精度有显著影响，对其进行实时补偿有重要的现实意义。飞行高度越高，则机载平台的姿态角扰动对激光扫描三维成像的影响就越大，因此对于高飞行高度的机载激光雷达系统，进行姿态角扰动补偿尤其重要且必要。

6.4　姿态角测量误差对激光雷达点云数据精度的影响

由 6.3 节的研究内容可知，在各种传感器测量误差中，由 GPS/INS 集成测量系统测量机载平台的姿态角时的测量误差是影响激光点云数据定位精度的最主要因素。姿态角测量误差包含系统误差和随机误差两部分，通常系统误差可以标定消除，而随机误差则无法消除。因此，需要深入研究 GPS/INS 集成测量系统的姿态角随机误差对机载激光雷达三维成像的影响，从而实现机载激光雷达高精度三维测量和成像。本节主要对姿态角随机误差对激光点云数据定位精度和 DSM 精度的影响进行数值仿真、半物理仿真试验及定量评价。

6.4.1　姿态角随机误差对数字表面模型精度影响评价指标

为了描述姿态角随机误差对 DSM 高程精度的影响，在相同的激光扫描工作条件下，分别获得有、无姿态角随机测量误差影响时的两种激光扫描点云数据，分别记为 C_{ym} 和 C_{nm}；然后，在相同的参考点下，计算有、无姿态角随机测量误差影响下获得的两种激光点云数据重建的 DSM 的高程精度评价指标 $e_{\text{dsm}(C_{\text{ym}})}$ 和 $e_{\text{dsm}(C_{\text{nm}})}$ 值，则姿态角随机测量误差(attitude measurement error, AME)对 DSM 高程精度的影响可定量评价为

$$\Delta e_{\text{ame}} = e_{\text{dsm}(C_{\text{ym}})} - e_{\text{dsm}(C_{\text{nm}})} \tag{6-22}$$

即在本节中将 Δe_{ame} 作为平台姿态角随机测量误差对 DSM 高程精度影响的评价指标。

6.4.2　姿态角随机误差数值仿真

模拟的机载激光雷达系统参数值设置如下：脉冲重复频率为 10kHz，飞行高度为 500m，飞行速度为 60m/s，扫描视场角为 45°(±22.5°)，每行扫描点数为 260个，总扫描时间为 2s。为简化计算，设滚转角、俯仰角和偏航角的真实值均为零，三个姿态角随机误差均为均值为零、标准差为 0.1° 的高斯白噪声。另外，仿真过程中只考虑姿态角随机误差的影响，而暂不考虑测距误差、扫描角误差和航迹坐标误差的影响。在 L 坐标系中，建立了三种典型测量地形，即平面、半球体和长方体地形模型。图 6.10 反映了当被测地形是 L 坐标系中的一个平面时，姿态角随机误差对激光点云数据和重建 DSM 精度的影响。图中 P_{r} 为无姿态角随机误差影响时的真实激光脚点(圆圈点)，P_{m} 为有姿态角随机误差影响时的测量激光脚点(交叉点)。

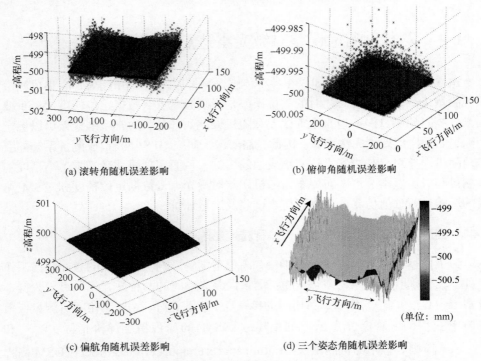

(a) 滚转角随机误差影响 (b) 俯仰角随机误差影响

(c) 偏航角随机误差影响 (d) 三个姿态角随机误差影响

图 6.10　姿态角随机误差对平面地形的激光扫描点云数据和 DSM 的影响

　　三个姿态角均有随机误差时造成的激光点云数据三维坐标定位误差的统计值如表 6.2 所示。由表 6.2 可见，对于三种典型测量地形，姿态角随机误差造成的激光点云数据三维坐标误差中，平面坐标误差均较大，且远大于高程误差。此外，长方体地形的激光点云数据三维坐标误差均比半球体的小，其原因在于长方体高度比半球体高 70m，即飞行平台相对于被测地形的距离更近。由此也证明了机载激光雷达平台距被测地形表面越高，姿态角随机误差造成的激光点云数据三维坐标误差越大。

表 6.2　姿态角随机测量误差造成的三种地形激光扫描点云数据三维坐标误差值(单位：m)

被测地形类型	e_{px}	e_{py}	e_{pz}
平面地形	0.9005	0.8662	0.2035
长方体地形	0.8590	0.8287	0.2019
半球体地形	0.8757	0.8461	0.2020

　　由姿态角随机误差造成的激光点云数据三维坐标定位误差影响规律总结如下：
(1) 仅滚转角存在随机误差时，激光点云数据在 x 方向(即飞行方向)上的坐标精度不受影响，在 y 方向(即扫描方向)上的坐标误差很大(e_{py} 为 0.8771m)，高程 z 方向上的坐标误差 e_{pz} 为 y 坐标误差 e_{py} 的 25%左右，即 0.2062m。另外，由图 6.10(a) 可见，随扫描角的增大，高程误差也越来越大。

(2) 仅俯仰角存在随机误差时，对激光点云数据 x 坐标精度影响很大(e_{px} 为 0.8667m)，对 y 坐标精度无影响，对 z 坐标精度几乎无影响(e_{pz} 为 0.0012m)，如图 6.10(b)所示。

(3) 仅偏航角存在随机误差时，对激光点云数据的 x 坐标精度影响较小，对 y 和 z 坐标精度几乎无影响，如图 6.10(c)所示。

(4) 三个姿态角均存在随机误差时，激光点云数据三个坐标的测量误差 e_{px} 为 0.9005m、e_{py} 为 0.8662m、e_{pz} 为 0.2035m，平面坐标误差(即包括 e_{px} 和 e_{py})是高程误差(即 e_{pz})的 4~5 倍。图 6.10(d)为 P_m 点云数据经 Cubic-Surf 重建的 DSM，点云数据的平面坐标误差造成重建 DSM 相对于真实物体形状发生外扩或内缩，且使边缘参差不齐，而激光点云数据的高程误差造成 DSM 的表面凹凸不平，且越到扫描区域边缘，DSM 的厚度越大，不再是一个严格平面，从而产生较大失真。

6.4.3　姿态角随机误差半实物仿真试验

半物理仿真试验系统如图 6.8 所示，激光测距仪固定安装在三轴转台的安装平台上，内轴带动激光测距仪左右摆动，模拟激光扫描过程。模拟的机载激光雷达的参数的设置值为：扫描视场角为 ±12.5°，激光脉冲重复频率为 10kHz，飞行高度为 500m，飞行速度为 60m/s。在进行激光扫描时，为了使行间距和每行的点间距相等，即激光扫描近似保持矩形网格采样，设置的激光扫描每行点数和总扫描行数相等。三个姿态角变化为零时，对被测地形模型进行了 101×101 的点密度扫描，所得激光点云数据记为 C_{101} ，即无姿态角随机误差影响时的激光扫描点云数据，其中"C"表示点云数据，下标中的数字表示每行的扫描点数(或扫描行数)。

为获得有姿态角随机测量误差影响时的激光扫描点云数据，仍采用上述 101×101 点密度、姿态角变化为零时的激光扫描测距值，但在进行激光脚点三维坐标计算时，三个姿态角不再为零，而是分别叠加了均值为 0、标准差均为 0.1° 的高斯白噪声姿态角随机误差。因此，通过计算可获得受姿态角随机误差影响的激光扫描点云数据，记为 $C_{101}^{0.1g}$ ，其中上标"0.1g"指姿态角随机测量误差是标准差为 0.1° 的高斯白噪声。

另外，目前常用的 GPS/INS 集成测量系统的姿态角测量精度可达 0.01°。为了方便比较，与 $C_{101}^{0.1g}$ 的获取方法相似，同样给三个姿态角分别施加均值为 0、标准差均为 0.01° 的高斯白噪声姿态角随机误差，计算获得的激光点云数据记为 $C_{101}^{0.01g}$，其中上标 "0.01g" 指姿态角随机测量误差为标准差为 0.01° 的高斯白噪声。

当三个姿态角变化均为零时，对被测地形模型进行 151×151 点密度扫描，获得的激光扫描点云数据记为 C_{151}。由于 C_{151} 点云数据密度高且分布均匀，其采用 Cubic-Surf 方法重构的 DSM 精度高、失真小，故将其作为被测地形模型的参考点集，其高程值看作被测地形模型的高程真值，用于参照计算上述三种试验激光点云数据(C_{101}、$C_{101}^{0.1g}$ 和 $C_{101}^{0.01g}$)重建的 DSM 的精度评价指标 $e_{\mathrm{dsm}(C.)}$ 值。将受姿态角随机误差影响时获得的点云数据 $C_{101}^{0.1g}$ 和 $C_{101}^{0.01g}$ 分别与无姿态角随机测量误差影响时的点云数据 C_{101} 比较，可获得当姿态角随机误差分别为标准差 0.1° 和 0.01° 时的高斯白噪声造成的激光点云数据三维坐标误差，如表 6.3 所示。

表 6.3　姿态角随机误差造成的激光点云数据三维坐标误差

激光点云数据	三维坐标误差	误差的均方根值/mm
$C_{101}^{0.01g}$	e_{px}	0.2239
	e_{py}	0.2260
	e_{pz}	0.0454
$C_{101}^{0.1g}$	e_{px}	2.2647
	e_{py}	2.2629
	e_{pz}	0.4556

试验结果与数值仿真的结果相近，激光点云数据的 x、y 坐标误差较大，z 坐标误差相对较小，且平面坐标误差远大于高程误差(在本章仿真试验条件下，为高程误差的 4～5 倍)。另外，$C_{101}^{0.1g}$ 的激光点云数据三维坐标误差均比 $C_{101}^{0.01g}$ 的大 10 倍左右，说明姿态角随机误差越大，造成的激光点云数据三维坐标误差也越大，即机载激光雷达获得的激光点云数据坐标精度与 GPS/INS 集成传感器的姿态角测量精度呈近似线性关系。

根据式(6-22)，将由 $C_{101}^{0.01g}$ 和 $C_{101}^{0.1g}$ 试验点云数据重建的 DSM 的精度值 $e_{\mathrm{dsm}(C.)}$ 分别与由 C_{101} 重建的 DSM 的精度值 $e_{\mathrm{dsm}(C_{101})}$ 比较，可获得姿态角随机测量误差分别为标准差 0.01° 和 0.1° 高斯白噪声时造成的 DSM 高程精度的变化值 Δe_{amc}，如表 6.4 所示。

表 6.4　姿态角随机测量误差造成的 DSM 高程精度的变化

由激光点云数据重建的 DSM	$e_{\text{dsm}(C_r)}$ /mm	Δe_{ame} /mm
由 C_{101} 重建的 DSM	1.9860	—
由 $C_{101}^{0.01\text{g}}$ 重建的 DSM	2.0259	0.0399
由 $C_{101}^{0.1\text{g}}$ 重建的 DSM	3.5443	1.5583

注：表中第二行的 "—" 表示由 C_{101} 重建的 DSM 无误差。

在本章研究试验条件下(即模拟的飞行高度为 1310mm)，当姿态角随机误差为标准差 0.01° 的高斯白噪声时，对 DSM 失真的影响不大；而当姿态角随机误差为标准差 0.1° 的高斯白噪声时，DSM 失真有较大增加。另外，标准差为 0.1° 的姿态角随机误差造成的 DSM 失真指标 Δe_{ame} 值比标准差为 0.01° 的姿态角随机误差造成的 DSM 失真指标 Δe_{ame} 值增大了 40 倍左右。姿态角随机误差是影响机载激光雷达获得的 DSM 精度的一个重要因素，且姿态角随机误差越大，造成的 DSM 失真越大。

由本节的仿真和试验结果可知，姿态角随机误差越大，造成的激光点云数据坐标误差越大，且重建的 DSM 的精度越低。姿态角随机误差造成机载激光雷达获得的激光点云数据的平面坐标误差较大，而高程误差相对较小。采取有效措施提高姿态角测量设备的测量精度，对提高机载激光雷达测量系统测绘产品的精度和质量有至关重要的作用。

6.5　本章小结

机载激光雷达重建 DSM 精度主要取决于激光点云数据的分布、密度和精度。为深入分析 DSM 成像失真机理，提高 DSM 精度，本章系统分析了影响激光点云数据分布区域、密度和定位精度的误差因素。分析结果表明，POS 设备测量机载平台姿态角的测量误差是影响激光点云数据定位精度的主要因素，而机载平台的姿态角扰动是影响激光点云数据分布区域和密度的主要因素，两者均会造成重建 DSM 的失真。本章对这两种误差因素的影响特点进行了分析，并定量评价了两种误差因素对 DSM 高程精度的影响。结果表明，机载平台的姿态角扰动比 POS 装置的姿态角测量误差对 DSM 成像精度的影响显著，尤其是机载平台的滚转角和俯仰角扰动对 DSM 成像精度的影响更为显著。

参 考 文 献

[1] Axelsson P. Processing of laser scanner data: Algorithms and applications[J]. ISPRS Journal of

Photogrammetry and Remote Sensing, 1999, 54(2-3): 138-147.

[2] 李树楷, 薛永祺. 高效三维遥感集成技术系统[M]. 北京: 科学出版社, 2000.

[3] 姚金良, 严惠民, 张秀达, 等. 一种应用图像配准叠加提高成像激光雷达测距精度的方法[J]. 中国激光, 2010, 37(6): 1613-1617.

[4] 吴赛成, 秦石乔, 王省书, 等. 基于姿态解算的 z 向激光陀螺零偏估计方法[J]. 中国激光, 2010, 37(5): 1209-1212.

[5] 卜彦龙, 潘亮, 牛轶峰, 等. INS/SAR 组合导航参数传递建模及精度分析[J]. 航空学报, 2009, 30(3): 526-533.

[6] 邱宝梅, 王建文. 嵌入式机载摄影稳定平台的设计[J]. 仪器仪表学报, 2009, 30(9): 1981-1984.

[7] Bock O, Thom C. Wide-angle airborne laser range data analysis for relative height determination of ground-based benchmarks[J]. Journal of Geodesy, 2002, 76(6-7): 323-333.

[8] Takaku J, Tadono T. PRISM on-orbit geometric calibration and DSM performance[J]. IEEE Transactions on Geoscience and Remote Sensing, 2009, 47(12): 4060-4073.

[9] Houldcroft C J, Campbell C L, Davenport I J, et al. Measurement of canopy geometry characteristics using LiDAR laser altimetry: A feasibility study[J]. IEEE Transactions on Geoscience and Remote Sensing, 2005, 43(10): 2270-2282.

[10] Mostafa M, Hutton J, Lithopoulos E. Airborne direct georeferencing of frame imagery: An error budget[C]. Proceedings of the 3rd International Symposium on Mobile Mapping Technology, 2001: 1-12.

[11] Schenk T. Modeling and recovering systematic errors in airborne laser scanners[C]. Proceedings of the OEEPE Workshop on Airborne Laser Scanning and Interferometric SAR for Detailed Digital Elevation Models, 2001: 40-48.

[12] Skaloud J, Schaer P, Stebler Y, et al. Real-time registration of airborne laser data with sub-decimeter accuracy[J]. ISPRS Journal of Photogrammetry and Remote Sensing, 2010, 65(2): 208-217.

[13] Baltsavias E P. Airborne laser scanning: Basic relations and formulas[J]. ISPRS Journal of Photogrammetry and Remote Sensing, 1999, 54(2-3): 199-214.

[14] Filin S. Recovery of systematic biases in laser altimetry data using natural surfaces[J]. Photogrammetric Engineering & Remote Sensing, 2003, 69(11): 1235-1242.

[15] 王建军, 徐立军, 李小路, 等. 姿态角扰动对机载激光雷达点云数据的影响[J]. 仪器仪表学报, 2011, 32(8): 1810-1817.

[16] Meijering E. A chronology of interpolation: From ancient astronomy to modern signal and image processing[C]. Proceedings of the IEEE, 2002, 90(3): 319-342.

[17] Ohtake Y, Belyaev A, Bogaevski I. Mesh regularization and adaptive smoothing[C]. Computer Aided Design, 2001, 33(11): 789-800.

[18] 朱心雄. 自由曲线与曲面造型技术[M]. 北京: 科学出版社, 2000.

[19] Watt A, Policarpo F. 3D 游戏卷 1: 实时渲染与软件技术[M]. 沈一帆, 等译. 北京: 机械工业出版社, 2005.

[20] Dyn N, Levin D, Gregory J A. A butterfly subdivision scheme for surface interpolation with

tension Control[C]. ACM Transaction on Graphics, 1990: 160-169.

[21] Zorin D, Schröder P, Sweldens W. Interpolating subdivision for meshes with arbitrary toplogy[C]. Proceedings of the 23rd Annual Conference on Computer Graphics and Interactive Techniques, 1996: 189-192.

[22] Welch W, Witkin A. Free-form shape design using triangulated surfaces[C]. Proceedings of the 21st Annual Conference on Computer Graphics and Interactive Techniques, 1992: 157-166.

[23] 文伟, 杨耀权, 于希宁. 用 Visual C 语言实现的 Delaunay 三角剖分算法[J]. 华北电力大学学报, 2000, 27(4): 54-58.

[24] 刘伟军, 孙玉文. 逆向工程原理方法及应用[M]. 北京: 机械工业出版社, 2009.

[25] Barber C B, Dobkin D P, Huhdanpaa H. The quickhull algorithm for convex hulls[J]. ACM Transactions on Mathematical Software, 1996, 22(4): 469-483.

[26] 王金涛, 刘子勇, 张珑, 等. 大型油罐容量计量中 3D 空间建模方法研究与比对试验分析[J]. 仪器仪表学报, 2010, 31(2): 421-425.

[27] 刘经南, 张小红, 李征航. 影响机载激光扫描测高精度的系统误差分析[J]. 武汉大学学报: 信息科学版, 2002, 27(2): 111-117.

[28] Wu J W, Ma H C, Li Q, et al. Error analysis on laser measurement device of airborne LiDAR[J]. International Society for Optical Engineering, 2007, 6786: 53.

[29] Vaughn C, Bufton J, Krabill W, et al. Georeferencing of airborne laser altimetry measurements[J]. International Jouranl of Remote Sensing, 1996, 18(11): 2185-2200.

[30] Mostafa M M R. Precise airborne GPS positioning alternatives for the aerial mapping practice[C]. From Pharaohs to Geoinformatics FIG Working Week 2005 and GSDI-8, 2005: 1-9.

[31] Dickman J, Haag M U D. Aircraft heading measurement potential from an airborne laser scanner using edge extraction[C]. Proceedings of the 2007 IEEE Aerospace Conference, 2007: 1-16.

[32] Wang J G, Wang J L, Barnes J, et al. Flight test of a GPS/INS/Pseudolite integrated system for airborne mapping[C]. Spatial Sciences Conference, 2007: 108-118.